ATLAS DER *Wetterextreme*

LORENZO PINI

JONGLEZ VERLAG

Inhalt

Beaufort Sea
Arctic Circle
Alaska (USA)
Fairbanks
Anchorage
Hudson Bay
Churchill
CANADA
Ontario
Calgary
Winnipeg
Rainy River
Vancouver
Seattle
Minnesota
Toronto
Chicago
UNITED STATES OF AMERICA
Pacific Ocean
MEXICO
N

Hailstorm Alley • Alberta, Canada

Hagelstürme, die so häufig auftreten, dass ein Spezialunternehmen Cloud-Seeding-*Techniken anwendet, um die Folgen einzudämmen*

Am 13. Juni 2020 ging über Calgary in der westkanadischen Provinz Alberta ein verheerender Schauer mit golfballgroßen Hagelkörnern und Windböen bis 100 Stundenkilometern nieder. Die Folgen waren unbeschreiblich: Mehr als 70.000 Häuser und Fahrzeuge wurden beschädigt, ganze Ernten vernichtet. Der Gesamtschaden belief sich auf 1,2 Milliarden Dollar, was das Ereignis zur viertteuersten Naturkatastrophe in der Geschichte Kanadas machte.

Bereits mehrfach waren verschiedene Regionen des Planeten von Hagelstürmen dieser Größenordnung betroffen, doch das Gebiet um Calgary hält den wenig beneidenswerten Rekord der größten Häufigkeit dieses Phänomens, das dem Gebiet den Namen Hailstorm Alley („Hagelsturmgasse") einbrachte.

Jedes Jahr von Ende Mai bis Mitte September kommt es in dem zwischen High River (65 Kilometer südlich von Calgary) und Lacombe (175 Kilometer nördlich von Calgary) gelegenen Teil von Alberta östlich der kanadischen Rocky Mountains im Durchschnitt zu mehr als zwanzig Hagelstürmen, die Hälfte davon von mittlerer bis schwerer Intensität.

In Calgary gingen so unter anderem im September 1991 und im Juli 2010 schwere Hagelschauer nieder, Airdrie, Red Deer und Rocky Mountain House waren im August 2014 betroffen, Ponoka im Juni 2016, Lacombe im Mai 2017 und weite Teile von Zentral-Alberta im Juli 2018.

Wie lässt sich ein derart verhängnisvolles Klima erklären? Wie so oft lohnt es sich auch hier, einen genaueren Blick auf die geografischen Merkmale des Ortes zu werfen. Hailstorm Alley liegt auf einer kargen Ebene auf rund 1000 Metern Höhe, auf der es im Winter eisig ist, die sich im Sommer jedoch auch sehr schnell erwärmen kann (der Temperaturrekord für Calgary liegt bei 36,5 °C im August 2018).

Im Sommer entsteht über der Hochebene durch die Sonnenstrahlung eine Hitzeblase, die im Westen auf die Ausläufer der kanadischen Rocky Mountains trifft. Die heiße Luft wird durch die hohen Berge (teils über 3000 Meter) plötzlich nach oben gedrückt, kühlt sich ab und kondensiert in riesigen Cumulonimben. Erreichen diese konvektiven Wolken größere Höhen, werden sie von Höhenwinden gen Osten getrieben und kehren so energiegeladen in das Gebiet der Hailstorm Alley zurück.

Unter normalen Bedingungen kommt es dann zu einfachen Gewittern ohne Hagel. Gesellen sich zu dieser orografischen Dynamik jedoch in der Höhe Luftinfiltrationen aus der Arktis hinzu (was aufgrund der exponierten Lage von Alberta gegenüber nördlichen Luftströmen sehr häufig der Fall ist), führt dies zu noch ausgeprägteren Temperaturschwankungen und zur Entstehung bedrohlicher, mehr als zehn Kilometer hoher Cumuluonimben. Im Herzen dieser Wolken sind die aufsteigenden Strömungen besonders stark. Die Wassertropfen an der Wolkenbasis fallen dann nicht einfach als Regen zu Boden, sondern werden mit hoher Geschwindigkeit in höhere Bereiche der Wolke katapultiert, wo sie gefrieren und sich in Eiskugeln verwandeln. Aufgrund ihres Gewichts fallen diese Kugeln schließlich von der Schwerkraft angezogen auf die Erde. So entsteht Hagel.
Sind nun wie im meteorologischen und geografischen Kontext von Zentral-Alberta extreme Energien beteiligt, kommt es vor, dass die Eiskörner im Inneren der Wolke mehrmals auf- und abgeschleudert werden und erst dann als immer größere Kugeln mit Durchmessern von über fünf oder sogar zehn Zentimetern aus den Wolken fallen.
1996 gründeten kanadische Versicherungsgesellschaften, die immer wieder mit Anträgen auf Leistungen infolge von Hagelschäden konfrontiert waren, die *Alberta Severe Weather Management Society (ASWMS)*, um das Problem durch Finanzierung des Alberta Hail Suppression Project (AHSP) zu lösen. So entstand das sogenannte Cloud-Seeding, ein Projekt zur Impfung von Wolken, das zwischen dem 1. Juni und dem 15. September rund um die Uhr in Betrieb ist. Sobald das Wetterradar potenzielle Hagelwolken erkennt, starten in Calgary und Red Deer Flugzeuge, die um die Cumulonimben herumfliegen und Silberiodid und Trockeneis (festes CO_2) ausbringen. Diese chemische Zusammensetzung fördert die Bildung von Kondensationskernen und beschleunigt das Entstehen von Eiskristallen, wodurch in der Wolke der Zyklus, der zur Entstehung der großen Hagelkörner führt, durchbrochen wird. Das Impfen von Wolken funktioniert nicht immer gleich gut, insbesondere der Wind kann die Wirkung nachteilig beeinflussen. Manchmal jedoch gelingt es, die Größe der Hagelkörner und damit die Gefahr, die von ihnen ausgeht, zu reduzieren.
Als Mittel, die „Natur zu bändigen", ruft das Cloud-Seeding, das in mehreren Ländern auch in anderem Zusammenhang angewendet wird, beispielsweise um es regnen oder schneien zu lassen, viele Kontroversen und Kritik hervor. Der *American Chemical Society* zufolge konnten die in Alberta durch Hagel verursachten Schäden durch das Impfen um 27 Prozent gesenkt werden. Mehrere Studien jedoch weisen auf die Bedeutung der richtigen Dosierung des Silberiodids hin, damit dieses nicht toxisch wirkt.

Arctic Circle
Alaska (USA)
Fairbanks
Anchorage
100°
Hudson Bay
Labrador Sea
Churchill
CANADA
Calgary
Winnipeg
Vancouver
Seattle
Montréal
Toronto
Chicago
New York
Pacific Ocean
UNITED STATES OF AMERICA
Atlantic Ocean
N
Hawaii (USA)
1 000 km
MEXICO
CUBA

Der schlimmste Eisregen der jüngeren Geschichte •Québec

Im Januar 1998 verwandelte ein „perfekter" Eissturm zwischen den USA und Kanada alles in eine surrealistische „Welt wie aus Glas"

In der Kategorie „gefrierender Regen" zählt der Eisregen aufgrund seiner Fähigkeit, Bäume und Strommasten umzureißen, Dächer zum Einsturz zu bringen und Straßen in unbefahrbare Rutschbahnen zu verwandeln, zu den am meisten gefürchteten atmosphärischen Phänomenen im Zusammenhang mit Eis.
Zu beobachten ist das Phänomen im Winter in den gemäßigten und subpolaren Regionen kontinentaler Gebiete, insbesondere in den weiten Ebenen der USA, Kanadas, Zentraleuropas und Russlands.
Eisregen entsteht, wenn außergewöhnlich feuchte und milde Luft über einer Kaltluftschicht zirkuliert und diese schwerere Schicht dadurch nahe an der Erdoberfläche „kleben" bleibt. Das führt zu einer thermischen Inversion: In großer Höhe liegen die Temperaturen über dem Gefrierpunkt, während sie nahe am Boden darunter fallen. Kommt es dann zu Niederschlägen, gefrieren die Regentropfen, sobald sie den Boden berühren und bilden so eine gläserne Eisschicht, die alle Flächen bedeckt.
Bei mehrere Stunden oder gar Tage anhaltendem Regen kann dies verheerende Folgen haben, wie der schlimmste Eisregen der neueren Geschichte zeigt, der im Januar 1998 in einem Gebiet von den amerikanischen Großen Seen bis zum Tal des Sankt-Lorenz-Stroms im kanadischen Québec niederging.

© ziggy1 / iStock 892510878

„The great ice storm of 1998" wird das Unwetter noch heute genannt, das am 4. Januar mit Bildung eines außergewöhnlichen Tiefdruckgebiets begann, das heiße und feuchte Luft aus dem Golf von Mexiko anzog. Gleichzeitig hielt über Labrador ein Hochdruckgebiet kalte Luft aus östlichen Richtungen in niederen Schichten fest. Die Kollision dieser diametral entgegengesetzten Luftmassen führte zu einem erheblich gestörten System, das nicht nach Osten abwandern konnte, da ihm ein Hochdruckgebiet über dem Atlantik den Weg versperrte. Alles war angerichtet für einen perfekten Eissturm.

Am stärksten betroffen war die Region Montérégie in Québec, südöstlich von Montréal. In einem Dreieck zwischen Saint-Hyacinthe, Saint-Jean-sur-Richelieu und Granby fielen mehr als 100 Millimeter Eisregen und verwandelten alles in eine surrealistische „Welt wie aus Glas".

Die Eismassen brachten 76 Hochspannungsmasten sowie Tausende Strommasten aus Holz zum Einsturz. Hunderte Transformatoren explodierten. Der Regen hielt, unterbrochen von einigen wenigen Pausen, bis zum 9. Januar an, dem Tag, an dem die 300.000 in dem Gebiet lebenden Menschen sich ohne Heizung und im Dunkeln wiederfanden. Die Medien sprachen in der Folge von einem „Triangle of darkness".

Tausende von Ästen bedeckten die Erde. Straßen waren unbefahrbar, Gehwege unbegehbar, ganz zu schweigen von den anhaltenden Strom- und Heizungsausfällen. Auf der Suche nach Wärme suchten die Menschen Zuflucht in Räumen mit Stromgeneratoren wie Schulen oder Turnhallen, in der Hoffnung, dass die Stromversorgung bald wiederhergestellt sein würde. Letztlich dauerte es einen Monat, bis die Situation sich wieder normalisierte.

In der Zwischenzeit belieferten die Kommunen die Menschen innerhalb des „Dreiecks der Finsternis" mit Feuerholz und kleinen, gasbetriebenen Stromgeneratoren. Die Armee half bei der Räumung von Straßen und der Verteilung von Lebensmitteln.

Neben der Region Montérégie traf der große Eissturm von 1998 auch die Städte Ottawa und Montréal sowie die US-Bundesstaaten New York, Vermont, New Hampshire und Maine schwer. 46 Menschen kamen ums Leben, der Sachschaden belief sich auf sechs Milliarden US-Dollar.

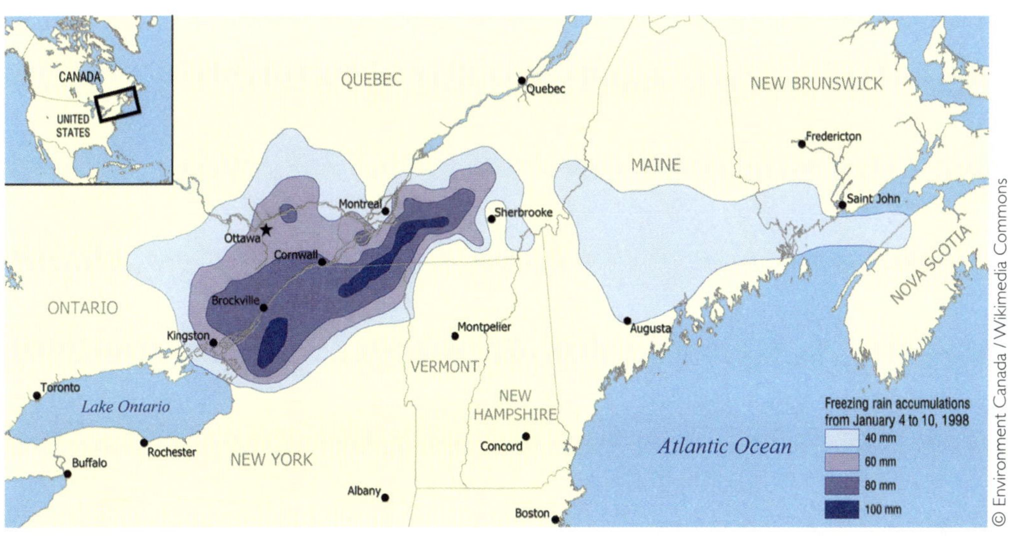

Greenland
(DENMARK)
Baffin
Bay
Beaufort
Sea
Arctic Circle
Fairbanks
100°
Hudson
Bay
Labrador
Sea
Churchill
CANADA
Calgary
Winnipeg
Vancouver
Seattle
Avalon
Peninsula
Montréal
Toronto
Chicago
New York
UNITED STATES
OF AMERICA
Pacific
Ocean
Atlantic
Ocean
MEXICO
CUBA
VENEZUELA
COLOMBIA
N
1 000 km

Halbinsel Avalon • Neufundland, Kanada

Die Nebelfabrik: 206 Tage Dunst im Jahr

In ihrer Form erinnert die Halbinsel Avalon an einen in den Atlantik geworfenen fünfzackigen Stern, der nur über einen fünf Kilometer breiten Isthmus mit dem Hauptabschnitt Neufundlands verbunden ist. Sie erweckt den Eindruck, als sei sie immer auf dem Sprung hinaus auf den Ozean, vielleicht, um ein für alle Mal den extremen atmosphärischen Phänomenen in diesem Teil von Kanada zu entkommen, der zwar auf einer Höhe mit Paris liegt, allerdings ein weitaus unwirtlicheres Klima aufweist.

Auf der Insel Neufundland weht praktisch unaufhörlich Wind. Der Himmel ist an vier von fünf Tagen bedeckt, es regnet und schneit ergiebig und von Zeit zu Zeit ziehen auch Tropenstürme und sogar Hurrikane an ihr vorbei. Nicht selten hängen die Zyklone des tropischen Atlantiks am Golfstrom fest und ziehen mit diesem nah an der Ostküste der USA entlang von Süden nach Norden, wo sie schließlich meist im östlichen Teil auf Neufundland stoßen.

Ein Phänomen, das extremste von allen, fehlt jedoch auf dieser Liste noch: der Nebel. Die Region Avalon, insbesondere die Ortschaft Argentia, weist mit 206 den weltweit höchsten Durchschnitt an Nebeltagen pro Jahr auf. Vor der Küste von Neufundland treffen zwei Ozeanströmungen mit gegensätzlichen Merkmalen aufeinander: Kaltluft von der Labrador-Halbinsel und milde Golfluft. Der dem Festland am nächsten gelegene Punkt, an dem diese sich berühren, liegt exakt auf Höhe der Halbinsel Avalon. Die gegensätzlichen thermischen Wassereigenschaften interagieren mit den darüberliegenden Luftschichten: Die vom Golfstrom mitgeführte feuchtwarme Luft schiebt sich über die vom Labradorstrom erzeugte kühlere Luft, wodurch es wie auf einem

© Paul Asmar, Jill Lenoble / Wikimedia Commons

Spiegel beim Duschen zu starker Kondensation kommt. Zunächst entstehen über den Grand Banks, einem Gebiet östlich von Neufundland, das für seine Unterwasserplateaus und seine außergewöhnlich reichen Fischgründe bekannt ist, breite Nebelschichten. Durch die Winde und die Orografie der Region bildet sich anhaltender Nebel, der sich nahe der Küste in der Umgebung von Argentia noch ausgeprägter zeigt. (Das Landesinnere von Neufundland ist hingegen deutlich sonniger.)

Die komplexe Interaktion zwischen den Ozeanströmungen und den atmosphärischen Turbulenzen sowie besondere physikalische und thermodynamische Prozesse von Dampfsättigung bis Sonnenstrahlung machen es extrem schwer, diesen Nebel zuverlässig vorherzusagen. Dies erklärt, warum die Regierungen der USA und Kanadas 2018 auf Neufundland das gemeinsam finanzierte Projekt C-FOG ins Leben gerufen haben. Ziel des durch den Ingenieur Harindra Joseph Fernando koordinierten Forschungsprojekts war es, Licht ins Dunkel der, man kann es so nennen, Geheimnisse dieses Nebels zu bringen, um dessen Auswirkungen auf Luft- und Schifffahrt zu begrenzen.

Auf Neufundland leben rund 500.000 Menschen, rund ein Fünftel davon in der Hauptstadt St. John's. 47 Prozent der Gesamtbevölkerung leben auf der Halbinsel Avalon. Die außergewöhnliche schöne Landschaft macht Neufundland als touristisches Reiseziel immer beliebter. Im Landesinneren finden sich zahlreiche Seen und Flüsse, die Küste mit ihren hoch aufragenden Felswänden und tiefen Buchten und Fjorden ist atemberaubend.

Nicht selten driften vor der Küste von Avalon Eisberge, die vom Labradorstrom durch die Iceberg Alley gezogen werden. In diesem kalten ozeanischen Korridor, der von der Baffin-Bucht bis Neufundland reicht, sammeln sich im Frühling mehr oder weniger große Eisklumpen aus dem arktischen Packeis. In den vergangenen Jahren hat der Temperaturanstieg die Zahl dieser Eisberge steigen lassen. Eine schlechte Nachricht für das klimatische Gleichgewicht, trotz des einzigartigen Spektakels, das sich Beobachtern dann bietet – wenn der Nebel es zulässt.

© Daniel Schwen / Wikimedia Commons

Baffin Bay
Beaufort Sea
Arctic Circle
Alaska (USA)
Fairbanks
100°
Anchorage
Hudson Bay
Churchill
CANADA
Calgary
Winnipeg
Snowbelts
Vancouver
Seattle
Montréal
Toronto
Chicago
New York
UNITED STATES OF AMERICA
Pacific Ocean
Atlantic Ocean
Hawaii (USA)
MEXICO
CUBA
VENEZ
COLOMBIA
N
1 000 km

Die Snowbelts der amerikanischen Großen Seen • USA

Beeindruckende Schneestürme, hervorgerufen durch den berühmten „Lake-Effekt“

Es gibt unzählige Orte, an denen auf der Erde Schnee fällt. Einer davon, gelegen an den amerikanischen Großen Seen, verdient aufgrund des außergewöhnlichen Ausmaßes und der hohen Dynamik der dortigen Schneefälle besondere Aufmerksamkeit.

Meteorologen haben für das Phänomen den Begriff *Snowbelt* („Schneegürtel“) erfunden, der sieben Gebiete am südlichen und westlichen Rand der fünf zwischen Kanada und den USA gelegenen Seen (Oberer See, Michigansee, Huronsee, Eriesee, Ontariosee) bezeichnet. Diese Gebiete sind aufgrund des berühmten Lake-Effekts häufig Schauplatz außergewöhnlicher Schneestürme.

Ab November zieht aus der kanadischen Arktis kalte Luft nach Süden und trifft dort ungehindert auf die Großen Seen. Kalte Winde aus Nordwesten wehen über die noch nicht gefrorenen Wasseroberflächen und nehmen dabei große Mengen Feuchtigkeit und Wärme auf. Die schwerere Kaltluft verdrängt die wärmere Luft über den Seen und zwingt sie, so abrupt nach oben auszuweichen, dass sich konvektive Wolken bilden.

Die so entstehende Bewölkung gelangt durch den Wind an die gegenüberliegenden südlichen und westlichen Ufer, wo sie sich bei Auftreffen auf die ersten Erhebungen verdichtet. Es entstehen lange Wolkenbänder, die schwer mit Niederschlägen beladen und bereit sind, sich in Form von Schneestürmen zu entladen – und nicht selten mit Whiteouts einhergehen, bei denen sich der vom Wind aufgewirbelte Schnee mit den Flocken, die vom Himmel fallen, vermischt und einem dadurch praktisch jegliche Sicht nimmt.

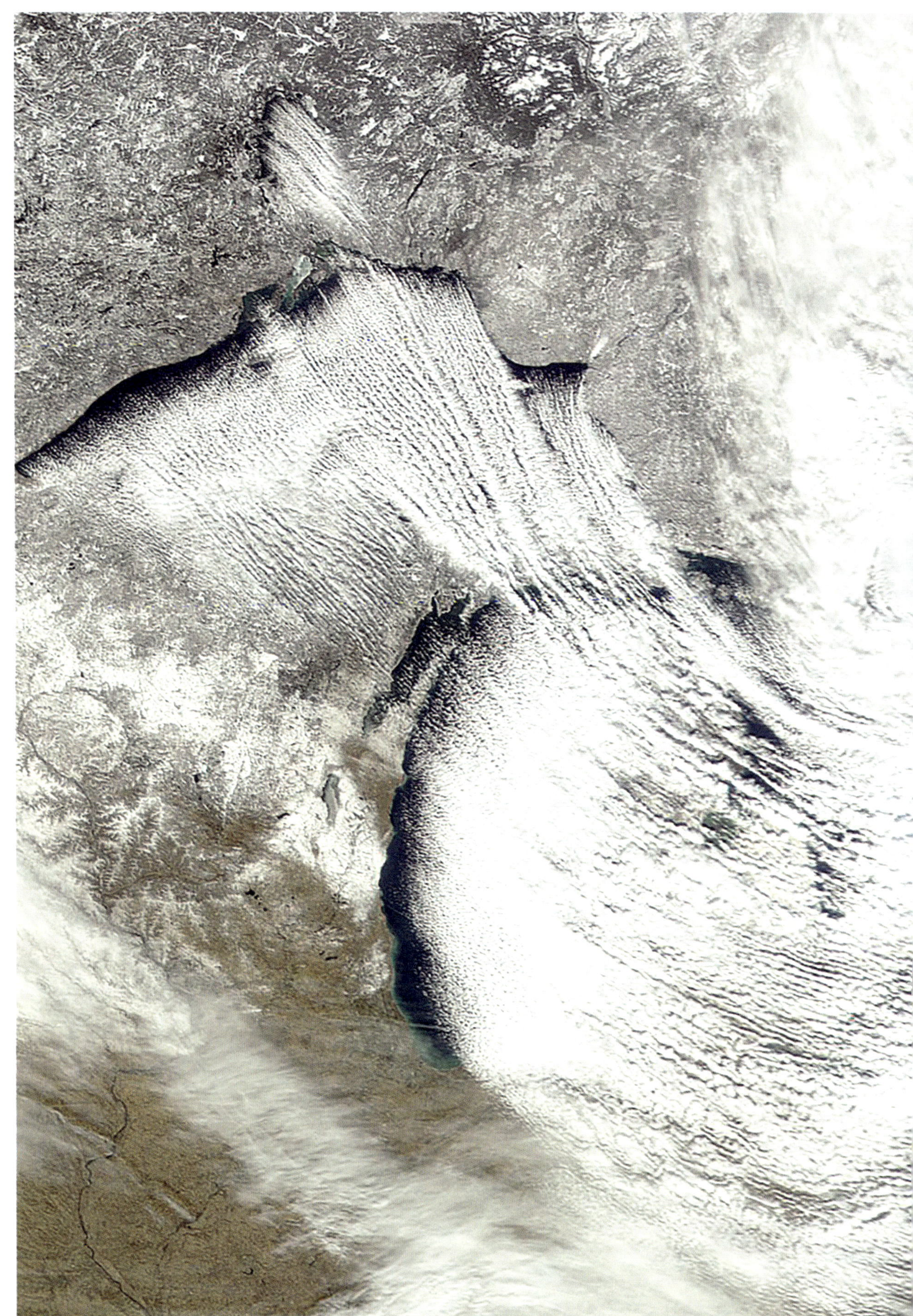

Der durch den Lake-Effekt hervorgerufene Schneefall kann so intensiv wie örtlich begrenzt sein. Nicht selten wechselt das Wetter innerhalb eines Umkreises von wenigen Dutzend Metern von einem Blizzard zu strahlendem Sonnenschein und zurück, was unter anderem das Autofahren extrem schwierig macht.
Von den sieben Snowbelts bringt jener, der zwischen Erie- und Ontariosee auf einer Linie entlang der Städte Buffalo, Rochester und Syracuse verläuft, im Jahresdurchschnitt den meisten Schnee mit sich. In den genannten Städten können so innerhalb von 24 Stunden 75 Zentimeter Schnee fallen (das bislang gemessene Maximum liegt bei 28 Zentimetern innerhalb einer Stunde). Wer einen Blick in die Statistiken der jüngeren Vergangenheit wirft, erhält schnell einen Eindruck vom Ausmaß des Phänomens.
Zwischen dem 29. November und dem 2. Dezember 1976 verschwand Buffalo unter einer mehr als 100 Zentimeter dicken Schneedecke. Im selben Winter stellte die Stadt mit 507 Zentimetern gefallenem Schnee ihren saisonalen Rekord auf. Am 13. März 1993 brachte der historische *superstorm* innerhalb von zwei Tagen 110 Zentimeter Schnee nach Syracuse, während das südlich von Buffalo gelegene Hamburg im November 2022 innerhalb von drei Tagen mehr als zwei Meter Schnee zu bewältigen hatte.
In dieser dicht bevölkerten Region sind präzise Wettervorhersagen von entscheidender Bedeutung, um die mit Blizzards verbundenen Gefahren einzudämmen. Mithilfe moderner meteorologischer Radargeräte wird die Bildung der beschriebenen Wolkenbänder über den Seen beobachtet, sodass gegebenenfalls kurzfristig Warnungen ausgegeben werden können. Zudem ist bekannt, dass die Stürme gegen Ende der Herbst- und Anfang der Winterzeit ihren Höhepunkt erreichen, nämlich dann, wenn das Wasser der Seen noch relativ warm ist und die ankommenden Kaltluftmassen gerne instabil werden lässt.
Durch den Klimawandel wird das Phänomen weiter verschärft. Heißere, längere Sommer lassen die durchschnittliche Wassertemperatur der Großen Seen um 1 bis 2 °C steigen, sodass der thermische Kontrast im Herbst ausgeprägter ist und es zu einer stärkeren Wolken- und Niederschlagsbildung kommt. Auch im Winter, wenn die Seeoberflächen gefroren sind, kommt es weiter zu Schneefällen, doch sind diese weit weniger ergiebig, da über dem Wasser kein Verdunstungsnebel aufsteigt.
Einheimische sind an dieses Extremklima gewöhnt und wissen, dass es Situationen gibt, in denen sie einfach nur abwarten können, dass das schlechte Wetter vorbeigeht. In den Snowbelts der Großen Seen rufen Schneefälle, die andere Orte auf der Welt eine Woche lang lahmlegen würden, kaum mehr als ein leichtes Schulterzucken hervor – und einen gewissen Stolz.

Der Golden Snowball Award

In den Städten Buffalo, Syracuse, Rochester, Binghamton und Albany wird jedes Jahr der Golden Snowball Award für den meisten über den Winter akkumulierten Schnee verliehen. Dabei wird am Ende des Frühlings im Rahmen einer großen Feier die am stärksten eingeschneite Stadt ausgezeichnet. In den 1980er-Jahren, auf dem Höhepunkt der Veranstaltung, kamen Tausende Menschen zu den Preisverleihungen, auf denen Bands spielten und Vertreter anderer für ihre starken Schneefälle bekannten Orte zugegen waren. Im Winter 2022/23 gewann Buffalo mit einer Gesamtmenge von 334 Zentimetern den Wettbewerb. Die wahre Rivalität zwischen den teilnehmenden Städten zeigt sich jedoch darin, wie gut es ihnen gelingt, nach einem Blizzard die Straßen zu räumen und zum Alltag zurückzukehren.

Fairbanks

Anchorage

CANADA

Churchill

N

1 000 km

Vancouver

Calgary

Winnipeg

Rainy River

Seattle

Paradise Inn

Montréal

Toronto

Chicago

New York

UNITED STATES OF AMERICA

Paradise Inn • USA

Weltrekord der in einem Jahr gefallenen Schneemenge: 31 Meter im Winter 1971/72

Angenommen man sucht auf einer Weltkarte die bewohnten Orte, an denen im Winter am meisten Schnee fällt, würde der Blick vermutlich spontan an die Pole und die arktischen (bzw. antarktischen) Regionen wandern. Damit läge man jedoch falsch, denn diesen kältesten Orten der Welt fehlt es für starke Niederschläge an der nötigen Feuchtigkeit.

Dann muss der meiste Schnee wohl in den Ortschaften auf den höchsten Bergen der Welt, im Himalaya oder in den Anden, fallen. Doch auch das wäre falsch, denn zwar fallen in Regionen über 4000 bis 5000 Metern Höhe im Winter mehrere Meter Schnee, doch die Höhe allein reicht nicht aus, es braucht andere, ganz bestimmte geografische Voraussetzungen.

Damit es stark und regelmäßig schneit, bedarf es einer hohen Luftfeuchtigkeit, starker Höhenwinde (Jetstreams) sowie einer besonderen Form der Luftabkühlung. Erfüllt sind all diese Kriterien in den Bergketten an den Küsten der gemäßigten Regionen der nördlichen Hemisphäre, die westlichen Meeresströmungen ausgesetzt sind. Die Orte, auf die diese Beschreibung zutrifft, sind begrenzt, sodass einzig die Berge im Westen der USA zwischen British Columbia, Oregon, Washington State und Nordkalifornien für den kumulierten Schneefallrekord infrage kommen.

Hier stoßen die unerschöpflichen feuchten Strömungen vom Pazifik an die Wände dieser Erhebungen. Dadurch entstehen wahre Wasserdampf-„Züge", denen der Weg versperrt wird und die sich gezwungen sehen, sich ihrer Regen- und Schneeladungen zu entledigen. Eine der exponiertesten Zonen ist die Kaskadenkette mit ihrem höchsten Berg, dem Mount Rainier (4392 m).

Im gleichnamigen Nationalpark auf der Südseite des Berges liegt auf 1600 Metern Höhe das *Paradise Inn*. Dieses 1916 aus Holz und Stein im alpinen Stil erbaute Hotel ist ein Nationaldenkmal und noch heute unter Skifahrern und Wanderern eine Referenz. Neben seinem Vintage-Charme ist das *Paradise Inn* als Rekordhalter in Sachen Schneefall bekannt: Zwischen dem 19. Februar 1971 und dem gleichen Tag des Jahres 1972 verzeichnete die hauseigene Wetterstation insgesamt beeindruckende 31,5 Meter Neuschnee.

Die Lodge ist nur von Mai bis September geöffnet. Im Winter wird die Instandhaltung über einen mit dem Eingang verbundenen Tunnel gewährleistet. Bei günstigem Wetter ist die Straße hinauf zum Inn auch im Winter befahrbar. Zwischen zwei haushohen Schneewänden geht es dann bis zum Parkplatz der Lodge, bei der man dann erst ab dem zweiten Stock aus den Fenstern den alles bedeckenden „weißen Ozean" bestaunen kann. Durchschnittlich fallen am *Paradise Inn* rund 15 Meter Schnee. Am Ende der Saison liegen bis zu 9 Meter (der gefallene Schnee setzt sich, schmilzt oder verdampft, weshalb die gefallene Schneemenge nie exakt der akkumulierten Schneemenge am Boden entspricht).

Das Geheimnis dieser schier unglaublichen Massen liegt, wie oben erklärt, im Zusammentreffen mehrerer Faktoren, darunter zum einen die starken, unerschöpflichen Westströmungen vom Pazifik, die mit viel Feuchtigkeit im Gepäck auf die Kaskadenkette treffen, und zum anderen die Berge, die durch ihre Höhe eine natürliche Barriere bilden und die Luft nach oben ablenken, wo diese sich abkühlt und die in ihr enthaltenen Dampfteilchen zu mit Schneekristallen geladenen Wolken kondensieren. Dazu kommt der Standort des *Paradise Inn* direkt vor dem gewaltigen Massiv des Mount Rainier. Der Vulkan mit seinen knapp 4400 Metern Höhe verlangsamt die Verlagerung der gestörten Systeme nach Osten weiter, sodass diese teilweise tagelang in ein und demselben Sektor festhängen, was zu außergewöhnlich starken Schneefällen führt.

Der Pineapple Express

Die westamerikanischen Küstenregionen sind stark feuchtigkeitsgesättigten Strömungen, den sogenannten Atmospheric Rivers, ausgesetzt. Einer der berühmtesten dieser Flüsse ist der Pineapple Express („Ananas-Express"), ein extrem langer Luftkorridor, der sich langsam von West nach Ost verlagert und dabei große Mengen Feuchtigkeit von Hawaii bis an die nordamerikanische Küste transportieren kann, was an den exponierten Berghängen der Rocky Mountains teilweise zu sintflutartigen Regenfällen und äußerst ergiebigen Schneefällen führt.

Arctic Circle

Alaska
(USA)

Fairbanks

100°

Anchorage

Hudson
Bay

Labrado
Sea

Churchill

CANADA

Calgary

Winnipeg

Vancouver

Seattle

Montréal

Tornado
Alley

Toronto

Chicago

Pacific
Ocean

New York

UNITED STATES
OF AMERICA

Atlantic
Ocean

N

Hawaii
(USA)

1 000 km

MEXICO

CUBA

Tornado Alley • USA

Hunderte von Frühjahrs-Tornados

Tornados sind zweifelsohne eines der beängstigendsten – und gleichzeitig eines der fastzinierendsten – atmosphärischen Phänomene, die die Natur hervorgebracht hat.

Etymologisch geht die Bezeichnung auf eine Kombination aus den beiden spanischen Verben *tornar* („drehen") und *tronar* („donnern") zurück. Genau das geschieht, wenn sich zwischen dem Zentrum einer Gewitterwolke und dem Boden eine wild im Kreis herumwirbelnde Luftsäule bildet, die bereit ist, alles wegzufegen, was sich ihr in den Weg stellt.

Tornados wüten an verschiedenen Orten weltweit. Im Herzen der USA jedoch liegt eine sehr passend als Tornado Alley („Tornado-Gasse") bezeichnete Region, in der das Phänomen mit rund 1000 Tornados pro Saison überdurchschnittlich häufig auftritt.

Die Gründe hierfür liegen in der geografischen Konfiguration und der Ausdehnung der USA, insbesondere der weiten Ebenen im Mittleren Westen und im Süden des Landes, die nicht durch Bergketten geschützt sind und an denen arktische Strömungen, Pazifikwinde und heiße, feuchte Luft vom Golf von Mexiko aufeinandertreffen.

Das Aufeinandertreffen dieser so verschiedenen Luftmassen kann im Frühjahr und zu Beginn des Sommers eine intensive Gewitteraktivität hervorrufen, die unabdingbare Voraussetzung für das Entstehen der gefürchteten Tornados ist.

Die Tornado Alley umfasst ein riesiges Gebiet und bildet von South Dakota entlang des 100. Längengrads bis nach Texas eine klimatische Trennlinie. Zwischen April und Mai (teilweise auch im März oder Juni), wenn trockene Kaltluft aus Nordwesten auf feuchte Warmluft aus den Great Plains trifft, können kräftige Gewittersysteme, sogenannte Superzellen entstehen.

Bei einer Superzelle dringen vom Boden aufsteigende, warme Luftströme in die Wolke ein (*updraft*), wo sie, bedingt durch die (sowohl in Bezug auf die Richtung als auch in Sachen Geschwindigkeit) gegensätzlichen Winde an der Basis und im oberen Bereich der Wolke in Rotation versetzt werden und sich umkehren können. Die Rotationsbewegung, die so im Inneren der Superzelle entsteht, wird als Meso-Zyklon bezeichnet, eine Spirale, die sich durch einen abrupt abfallenden Druck und ein damit verbundenes Ansaugen kälterer Luft aus dem vorderen Bereich des Gewitters selbst speist. Da die kältere Luft in unterhalb der Basis des Cumulonimbus befindlichen Lagen kondensiert, „entkommt" der Vortex dem Zentrum der Wolke. Das ist der Moment, in dem die Bildung einer Art Trichter zu beobachten ist.

Ist der Vortex strukturiert genug, um den Boden zu erreichen, spricht man von einem Tornado.

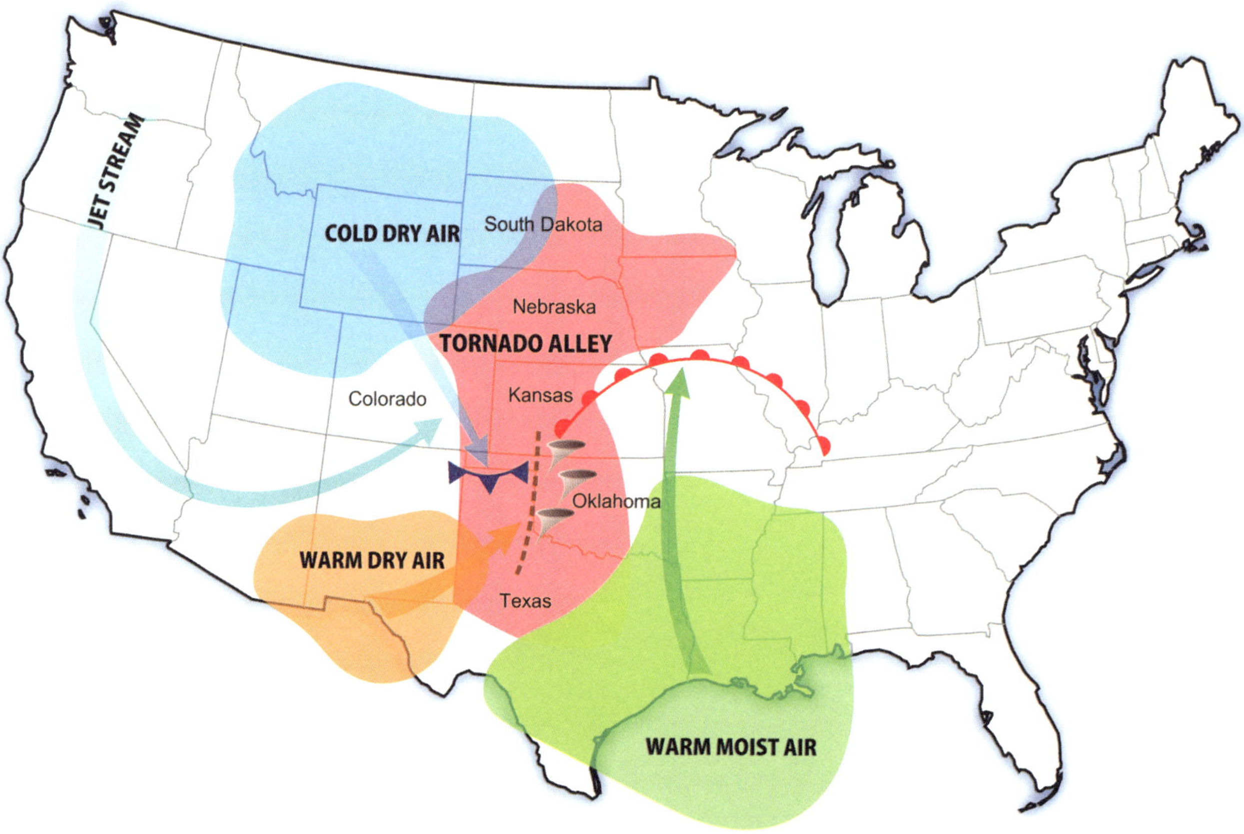

JET STREAM
COLD DRY AIR
South Dakota
Nebraska
TORNADO ALLEY
Colorado
Kansas
Oklahoma
WARM DRY AIR
Texas
WARM MOIST AIR

Der verheerendste Tornado aller Zeiten

Je nach entstandenen Schäden werden Tornados nach der Fujita-Skala in 6 Kategorien (von F0 bis F5) eingeteilt. Die verheerendsten Starkwinde erreichen einen Durchmesser von 300 Metern und fegen mit Geschwindigkeiten bis zu 500 Stundenkilometern im Epizentrum über Dutzende Kilometer Land hinweg.

Der katastrophalste Tornado aller Zeiten ereignete sich am 18. März 1925 in den US-Bundesstaaten Missouri, Illinois und Indiana. Der Tri-State-Tornado, wie er getauft wurde, entstand gegen 13 Uhr in der Nähe von Ellington (Missouri) und bewegte sich mit rund 110 Stundenkilometern in Richtung Nordosten. An der Grenze zu Illinois verstärkte er sich weiter und erreichte Schätzungen zufolge eine Geschwindigkeit von 482 Stundenkilometern. Aufgrund seiner schnellen Verlagerung war Augenzeugenberichten zufolge der Vortex nicht klar zu erkennen. Stattdessen sahen sie, wie eine Wolke auf ihre Häuser fiel und die Erde „verschluckte". Alles, was sich diesem Tornado in den Weg stellte, wurde vollständig zerstört. Nachdem er in Missouri verheerende Schäden angerichtet hatte, tötete er in Illinois innerhalb von 40 Minuten knapp 550 Menschen, 234 allein in der Kleinstadt Murphysboro, die bis heute die Stadt der Vereinigten Staaten mit den meisten Todesopfern infolge eines einzigen Tornados ist. Auf seinem weiteren Weg mähte er die Stadt Princeton in Indiana nieder und schwächte sich gegen 16:30 Uhr schließlich ab. Innerhalb von dreieinhalb Stunden legte der Tornado 352 Kilometer zurück. 695 Todesopfer waren zu beklagen.

In den vergangenen zwanzig Jahren hat die Zahl der Tornados infolge der Klimaerwärmung nicht nur zugenommen, sondern auch ihre Strecke hat sich ein Stück weit verändert.

Die entlang dem 100. Längengrad verlaufende Grenze zwischen den ariden und den grünen Gebieten der USA hat sich um rund 200 Kilometer nach Osten verlagert. Zudem gibt es neben der Tornado Alley mit der Dixie Alley ein weiteres Gebiet in den US-Bundesstaaten Mississippi, Arkansas, Alabama, Tennessee und Florida, in dem sich häufig ähnliche atmosphärische Extremwetterlagen zeigen.

Der 100. Längengrad

Betrachtet man eine physische Karte von Nordamerika, stellt man fest, dass die Erde westlich des 100. Längengrads braun, also eine aride Steppe ist, während östlich davon Grünland und Maisanbauflächen vorherrschen. Der aride Streifen im Westen liegt im Regenschatten der Rocky Mountains, die vom Pazifik kommenden Störungen Einhalt gebieten, während die Bundesstaaten im Osten von feuchtwarmen Strömungen aus dem Süden (Golf von Mexiko) und Osten (Atlantik) profitieren. Die auf dem 100. Längengrad gelegenen Ebenen, insbesondere Oklahoma und Texas, werden dadurch besonders häufig Opfer eines geballten Energieaustauschs, der von der Atmosphäre oft am Treffpunkt zweier unterschiedlicher Klimazonen ausgelöst wird.

Beaufort Sea
Arctic Circle
Fairbanks
Anchorage
CANADA
Churchill
Hudson Bay
Calgary
Vancouver
Winnipeg
Rainy River
Seattle
Montréal
UNITED STATES OF AMERICA
Toronto
Chicago
San Francisco
New York
Furnace Creek
Los Angeles
Pacific Ocean
Atlantic Ocean
MEXICO
N
1 000 km

Furnace Creek • Death Valley, USA

Die höchste jemals registrierte Temperatur: 56,7 °C

Die magische Grenze von 50 °C wird auf der Erde nur in manchen Regionen Nordafrikas, der arabischen Halbinsel, des Iran, Pakistans und Australiens überschritten. In den USA, genauer gesagt im Tal des Todes, fällt diese Marke jedoch jeden Sommer, und das sogar deutlich. Furnace Creek, das Tor zum Death-Valley-Nationalpark, hält den Rekord für die höchste jemals registrierte Temperatur.

Am 10. Juli 1913 verzeichnete die Wetterstation des kalifornischen Ortes, der heute Standort eines Besucherzentrums für Touristen ist, die erdrückende Temperatur von 56,7 °C.

Furnace Creek liegt in einem Wüstengebiet unterhalb des Meeresspiegels im Becken eines ausgetrockneten Salzmeeres aus dem Paläozoikum. Badwater Basin, der niedrigste Punkt des Nationalparks, befindet sich auf einer „Höhe“ von 86 Metern unter dem Meeresspiegel, Furnace Creek auf 58 Metern. Rund zwei Autostunden westlich von Las Vegas verzeichnet das auf derselben Breite (36°N) wie Gibraltar und Tokio gelegene Death Valley durchschnittlich nur 50 Millimeter Regen im Jahr – und damit weniger als die trockensten Regionen der Sahara.

Die Morphologie des Tals hat großen Einfluss auf die Sommertemperaturen. Das lange, schmale Becken ist von Bergen umgeben, die im Westen bis zu 3000 Meter hoch aufragen und feuchten Luftströmungen vom Pazifik den Weg versperren. Die klare, trockene Luft und die geringe Vegetationsdecke bieten der Sonne optimale Bedingungen, um die Oberfläche der Wüste aufzuheizen. Die von den Felsen und dem heißen Boden abstrahlende Hitze kann nicht abziehen und ist in den Tiefen des Tals gefangen. (In Zabriskie Point, 300 Meter höher gelegen als Furnace Creek, liegen die Höchstwerte um 42–45 °C, was immer noch extrem ist, aber eben nicht rekordverdächtig.)

Der Einbruch der Nacht verschafft Erleichterung. Sobald die Sonneneinstrahlung verschwindet, kühlt sich die Luft beim Auftreffen auf die Berghänge schnell ab, wird schwerer und gleitet in das Becken hinunter. Die in der Folge auftretenden Bergbrisen mildern die Hitzeblase über Furnace Creek ein wenig ab. Unter 30 °C sinken die Mindestwerte im Juli und August jedoch nur selten.

Für Zahlenliebhaber ein paar Daten, die vielleicht noch besser veranschaulichen, wie unerbittlich sich das Klima an diesem Ort zeigt: Seit Beginn der Wetteraufzeichnungen in Furnace Creek wurde die Marke von 54,5 °C außer an jenem berühmten Tag im Juli 1913 nur in den Jahren 2020 und 2021 geknackt. (Die Höchstwerte liegen meist zwischen 48 und 52 °C.) Die meisten Tage in Folge mit einer Maximaltemperatur von 38 °C oder mehr traten im Sommer 2001 auf – 154 an der Zahl. Im Sommer 1996 stieg das Quecksilber an 40 Tagen auf über 48 °C und an 105 Tagen auf über 43 °C. Im Sommer 1917 wurden an 43 Tagen in Folge Temperaturen von 48 °C oder mehr gemessen. Und im Rest des Jahres? Außerhalb des Zeitraums von Mai bis September gestaltet sich ein Besuch im Death Valley recht angenehm. Im Winter und im Frühling liegen die Temperaturen tagsüber zwischen 15 und 22 °C und fallen nachts nur selten auf den Gefrierpunkt. (Der Kälterekord liegt bei –10 °C, gemessen ebenfalls im Rekordjahr 1913.) Wenngleich Regen im Death Valley absoluten Seltenheitswert besitzt, so kann es in den kühlsten Monaten doch ab und zu etwas regnen, woraufhin das wenige Wasser die Wüste erblühen lässt.

Ein Hochwasser im Jahr 2005 ließ den längst ausgetrockneten prähistorischen Lake Manly von den Toten auferstehen. Einige Ranger stellten in diesem Jahr einen weiteren Rekord auf und durchquerten die Wüste mit einem Kanu. Der See war innerhalb weniger Tage wieder verschwunden und hinterließ nichts als einen salzigen Schlammtümpel.

© Forestangels / Pixabay

HONDURAS
Caribbean Sea
NICARAGUA
COSTA RICA
PANAMA
Catatumbo
VENEZUELA
GUYANA
FRENCH GUIANA
SURINAME
COLOMBIA
Galapagos (ECUADOR)
ECUADOR
PERU
BRAZIL
BOLIVIA
Pacific Ocean
PARAGUAY
Atlantic Ocean
CHILE
URUGUAY
ARGENTINA
Falkland Islands (Islas Malvinas) (U.K.)
South Georgia (U.K.)
N
1 000 km

Catatumbo • Venezuela

Der blitzreichste Ort des Planeten: tausende Blitze, mindestens 250 Nacht für Nacht

Der venezolanische Maracaibo-See, nahe der Mündung des Río Catatumbo, ist für eines der wohl außergewöhnlichsten Phänomene unseres Planeten bekannt. In zwei von drei Nächten durchzucken durchschnittlich 280 Blitze pro Stunde den Himmel über dem See. Bei den meisten davon handelt es sich um Wolkenblitze, die im Umkreis von bis zu 300 Kilometern zu sehen sind.

Die ungeheuerliche Intensität und Häufigkeit dieser elektrischen Entladungen hat zweierlei Ursachen. Die erste ist die geografische Struktur des Ortes. Der Maracaibo-See liegt in einer tropischen Region in der Nähe der Karibik und ist von den Bergen der Sierra de Perijá im Westen und den Ausläufern der Anden im Osten eingerahmt. Ein wunderbarer Trichter, in den vom Meer kommende, feuchtwarme Winde einströmen. Trifft die Warmluft auf die am See gelegenen Berghänge, wird sie unvermittelt nach oben abgelenkt und kühlt sich dort aufgrund der großen Höhe bis auf den Kondensationspunkt ab. Dadurch bilden sich klassische Konvektionswolken, die hier in einer praktisch nie unterbrochenen Dynamik oft mit Gewittern einhergehen. Dazu kommt ein zweiter Faktor, der das Phänomen zusätzlich verstärkt: Das durch die Verrottung organischer Stoffe im Catatumbo-Delta gebildete, aufsteigende Methan befeuert den Aktivierungsmechanismus der elektrischen Entladungen innerhalb der Wolken weiter, was in einer anhaltend hohen Blitzfrequenz resultiert.

Das als Relámpago del Catatumbo bezeichnete Phänomen ist seit dem 16. Jahrhundert dokumentiert. In seinem Epos *La Dragontea* (1598) beschreibt der spanische Dichter Lope de Vega ausführlich die entscheidende Rolle, die der Relámpago für Sir Francis Drake spielte. Als der englische Freibeuter sich anschickte, Maracaibo zu erobern, enthüllten die Blitze mit ihrem hellen Leuchten seine Absichten und machten diese zunichte. In der Geschichte erwies sich das ständige Wetterleuchten als ein Hunderte von Kilometern weit sichtbarer Leuchtturm als Orientierungspunkt für Seefahrer.

Auch für Touristen aus aller Welt sind die Blitze über dem Maracaibo-See seit jeher eine Attraktion. Bis in die 2000er-Jahre war Congo Mirador der beste Ort für die Beobachtung des faszinierenden Schauspiels, eine kleine Insel mit ein paar Pfahlbauten im Südwesten des Sees. Seit Eröffnung eines neuen Kanals und der damit einhergehenden Verschlammung ist das gleichnamige Dorf praktisch unbewohnbar geworden. Die meisten Bewohner sind in das nahe Ologá – ein Fischerdorf mit 46 Pfahlbauten und 60 Familien – übergesiedelt, das „Blitzjägern" aktuell die besten Bedingungen bietet. Wer einen Besuch plant und die Catatumbo-Gewitter mit eigenen Augen sehen will, wendet sich am besten an den Fotografen, Naturforscher und Venezuela-Experten Alan Highton (alanbolt.com), der Ausfahrten auf den See und damit die Möglichkeit anbietet, „El Relámpago" aus einer ganz besonderen Perspektive zu erleben.

HONDURAS
Caribbean Sea
NICARAGUA
COSTA RICA
PANAMA
VENEZUELA
GUYANA
FRENCH GUIANA
SURINAME
COLOMBIA
ECUADOR
Galapagos (ECUADOR)
PERU
BRAZIL
La Rinconada
BOLIVIA
Pacific Ocean
PARAGUAY
CHILE
URUGUAY
Atlantic Ocean
ARGENTINA
Falkland Islands (Islas Malvinas) (U.K.)
South Georgia (U.K.)
N
1 000 km

La Rinconada • Peru

Das höchstgelegene Siedlungsgebiet der Welt: 60.000 Menschen unter widrigsten Bedingungen auf 5100 Metern über dem Meeresspiegel

Nahezu ganzjährig Minusgrade, ständiger Wind, wenig Sauerstoff, Erdrutsche und Straßen in extrem schlechtem Zustand, keine Kanalisation und eine hohe Quecksilberbelastung. Das Ganze auf einer Höhe von 5000 Metern. Was klingt wie einer der Kreise der Hölle von Dante, ist in Wahrheit aber das Lebensumfeld von über 60.000 Menschen, die, von dem Anfang der 2000er-Jahre ausgelösten und bis heute nicht gestillten Goldrausch getrieben, am Fuße des Ananea-Gletschers in den peruanischen Anden leben.

La Rinconada ist eine Stadt aus improvisierten Wohngebäuden, die größtenteils zwischen 2001 und 2010 errichtet wurden. Angetrieben durch den um 230 Prozent gestiegenen Goldpreis witterten Tausende arme Peruaner in dieser Mine, einer der größten von ganz Südamerika, ihre Chance auf ein Stückchen Wohlstand.

Der Grund gehört dem Staat Peru, der Privatunternehmen mit dem Abbau beauftragt hat, die die Bergarbeiter nach dem System des *cachorreo* beschäftigen. Dabei arbeiten sie einen Monat ohne Lohn mit von den Unternehmen zur Verfügung gestellten Werkzeugen unter Tage und dürfen daraufhin im Gegenzug drei Tage lang mit eigenen Mitteln nach Gold schürfen und alles behalten, was sie in dieser Zeit finden. Die Illusion, in diesen kurzen, eigenverantwortlichen Zeitabschnitten zu Reichtum zu gelangen, treibt viele Arbeitslose an diesen Ort. Doch die Lebensumstände derer, die in den Minen von La Rinconada arbeiten, zählen mit zu den härtesten, die man sich auf unserem Planeten vorstellen kann.

Das Quecksilber, das in der Mine zum Einsatz kommt, um das Gold aus dem Gestein zu lösen, ist hochgiftig und verschmutzt die Umwelt. Neben den mit der Arbeit im Bergwerk verbundenen Schwierigkeiten bringt das Leben in der Höhe noch andere Probleme mit sich, allen voran eine deutlich stärkere UV-Strahlung und sehr viel weniger Sauerstoff zum Atmen.

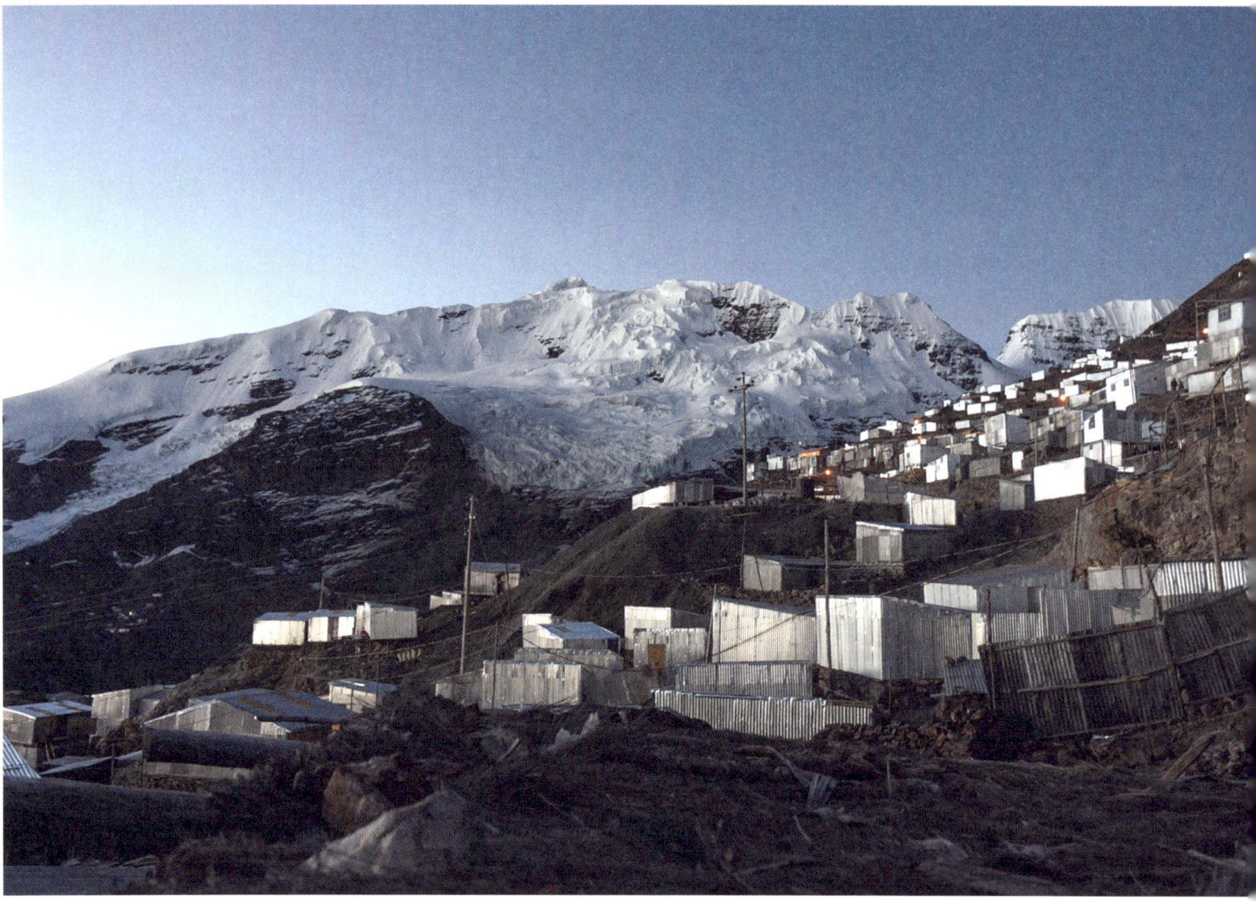

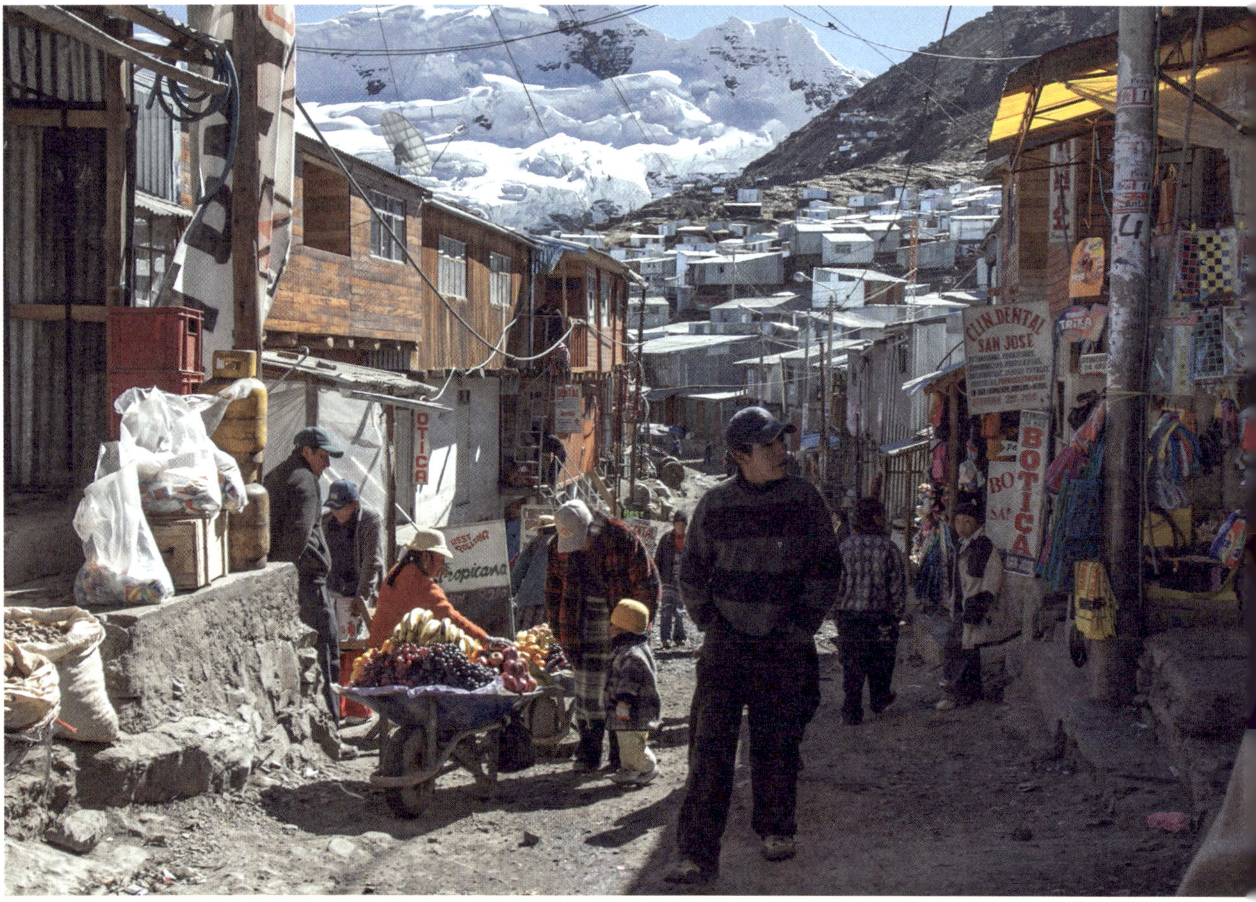
CLIN.DENTAL
SAN JOSE
BOTICA
BO
OTICA
Tropicana

Das Leben in La Rinconada setzt eine physiologische Anpassung voraus und die Fähigkeit, mehr Sauerstoff aufzunehmen als Menschen aus dem Flachland. Denn auf einer Höhe von 5000 Metern steht aufgrund des um rund die Hälfte verringerten atmosphärischen Drucks auch nur halb so viel Sauerstoff zur Verfügung wie auf Meereshöhe. Das erklärt, warum die Andenbevölkerung wie auch die Menschen im Himalaya deutlich besser entwickelte Lungen besitzen, mit denen sie aus der Umgebungsluft größere Mengen Sauerstoff filtern können.

La Rinconada ist in jeder Hinsicht extrem, eine unübersichtliche Ansammlung anonymer Steinhäuser und Blechhütten, die keinerlei Schutz vor der eisigen Kälte bieten, die in dieser Höhe herrscht. Drumherum Berge von Müll, so weit das Auge reicht.

Halten die Durchschnittstemperaturen sich tagsüber noch leicht über dem Gefrierpunkt, fallen sie nach Sonnenuntergang unerbittlich auf bis zu –15 °C im Juli. Für viele Arbeiter ist die beste Option dann viel Alkohol in einer der Bars oder Kneipen. Auch die Prostitution von teils minderjährigen Mädchen ist Teil dieses Höllenkreises.

Das Stadtgebiet ist nicht öffentlich erschlossen, einzig ein Stromnetz ist vorhanden, damit gearbeitet werden kann und die Maschinen rund um die Uhr laufen. Internet und moderne Fußballplätze gibt es ebenfalls, erstaunlich, wenn man die Höhe bedenkt, auf der sich das alles abspielt, und Beweis dafür, wie sehr die Menschen von La Rinconada es vermocht haben, sich an die extremen Lebensbedingungen ihrer Stadt anzupassen.

Wer diesen Ort am Rande der Welt trotz aller Widrigkeiten mit eigenen Augen sehen will, den bringt ein Minibus von der Stadt Putina aus über eine holprige Straße in zweieinhalb Stunden hinauf zu einem Tagesausflug ohne Übernachtung. Denn ein Hotel gibt es nicht in La Rinconada, nur fensterlose Verschläge für durchziehende Bergarbeiter.

Das Klima ist von zwei Jahreszeiten bestimmt: eine feucht, schneereich und relativ mild (Temperaturen um 0 °C) von November bis April, eine trocken und kalt von Mai bis Oktober, in der die Temperaturen nachts oft auf –10 °C sinken und zwischen Tag und Nacht zudem stark schwanken.

HONDURAS
NICARAGUA
COSTA RICA
PANAMA
VENEZUELA
GUYANA
FRENCH GUIANA
SURINAME
COLOMBIA
ECUADOR
Galapagos (ECUADOR)
PERU
BRAZIL
BOLIVIA
Arica
PARAGUAY
CHILE
URUGUAY
ARGENTINA
Falkland Islands (Islas Malvinas) (U.K.)
South Georgia (U.K.)
N
1 000 km

Arica • Chile

Die Stadt am Meer, in der es nie regnet

Chile ist ein Land der Klimaextreme. Mit einer Länge von über 4000 Kilometern beherbergt es die regenreichsten und die trockensten Gebiete des Planeten.

Einer dieser ariden Orte ist, ganz im Norden an der Grenze zu Peru, Arica, die trockenste Stadt der Welt.

Die Daten der Wetterstation am Flughafen von Arica verzeichnen einen Jahresdurchschnitt von gerade einmal 0,8 Millimetern Regen – also praktisch nichts.

Grund für diese Anomalie ist der kalte Humboldtstrom, der dafür sorgt, dass kein Wasser von der Oberfläche des Ozeans verdunstet und keine feuchte Luft aufsteigt, aus der sich Wolken und Niederschläge bilden könnten. Diese auch als Perustrom bekannte Meeresströmung wird durch den Auftrieb von sehr kaltem Tiefenwasser an der Westküste Südamerikas hervorgerufen. Erstmals beschrieben wurde das Phänomen von dem deutschen Naturforscher Alexander von Humboldt in seinem 1807 veröffentlichten Buch *Reise in die Äquinoktial-Gegenden des Neuen Kontinents*.

Der Weg zum Verständnis des Phänomens beginnt jedoch bei einer anderen Meeresströmung, dem antarktischen Zirkumpolarstrom, der von beständigen Winden aus den westlichen Polarregionen ausgelöst wird und konstant kalte Wassermassen nach Patagonien lenkt.

Am Rand des südamerikanischen Kontinents sind diese kalten Wassermassen gezwungen, an die Oberfläche aufzusteigen, und fließen über tausende Kilometer, entlang der gesamten chilenischen Küste, nach Norden.

Es ist der größte Kaltwasserstrom der Welt – und einer der Ströme mit den spürbarsten Folgen für das Klima. Der vom Humboldtstrom durchströmte Teil des Pazifiks ist um 8 °C kälter als andere Seegebiete gleicher geografischer Breite. Sein Einfluss auf das Wetter in den chilenischen Küstenregionen, vor allem jene nördlich von Santiago, ist enorm.

Neben extremer Trockenheit führt der Humboldtstrom auch zur Bildung von Küstennebel. Ein häufiges Phänomen im Winter (in Arica von Juni bis September) ist die sogenannte *camanchaca*, eine Wolkenbank an der Küste, die entsteht, wenn abwärts strömende Warmluft vom Pazifik auf kalte Luft des Humboldtstroms trifft. Diese thermische Inversion kann zur Bildung von Nebel- und Stratocumulus-Wolkenbänken führen, die sich zwischen der Küste und den Anden festsetzen. An *camanchaca*-Tagen ist der Himmel zwar bedeckt, jedoch nicht genug, um Regen hervorzubringen. Für das Wüstenklima der Region Arica ist sie dennoch sehr wertvoll, denn aus dem mit ihr einhergehenden Nebel kann Wasser, ja sogar Trinkwasser, extrahiert werden. Chile macht sich diese Möglichkeit seit vielen Jahren zunutze: 1985 wurden die ersten Nebelfänger aufgestellt, mehrere Quadratmeter große Netze aus Polypropylen, die zwischen zwei Pfosten im Wind aufgespannt werden und so geduldig auf den Nebel warten. Kommt er, bleiben die Wassertropfen im Netz hängen und fließen langsam in darunter aufgestellte Auffangbehälter. Ein Quadratmeter Netz kann auf diese Weise bis zu 14 Liter Wasser pro Tag einfangen. Der Durchschnitt liegt bei rund sieben Litern pro Tag.

Die Katholische Universität von Santiago de Chile verfügt über ein eigenes Forschungszentrum für diese Technologie, die bereits nach Peru, Guatemala, in die Dominikanische Republik, nach Nepal, Namibia und auf die Kanarischen Inseln exportiert wurde. Das eingefangene Wasser kommt in der Bewässerung und Körperpflege zum Einsatz und kann ohne großen Aufwand zu Trinkwasser aufbereitet werden. Die Nebelfänger sind eine effiziente Lösung für die Wasserversorgung der kleinen Küstenorte im Norden von Chile. Ein Großteil des in Arica benötigten Wassers stammt aus dem Rio Lluta sowie anderen Wasserläufen in den nordöstlich der 200.000-Einwohner-Stadt gelegenen Hochebenen der Anden.

Arica ist damit einer der seltenen Fälle, in denen die Menschen im Alltag nicht unter dem herrschenden extremen Klima leiden. Mit ihrer Lage knapp über dem Wendekreis des Steinbocks profitiert die Stadt vom mildernden Einfluss des Ozeans und der durch die thermische Inversion hervorgerufenen Brise – und damit einhergehend von ganzjährig milden Temperaturen mit Höchstwerten um 27 °C im Februar und Tiefstwerten um 14 °C im Juli. In den drei Sommermonaten zwischen Dezember und Februar fällt gelegentlich doch der ein oder andere Regentropfen, was der Stadt in der Summe den Beinamen „Stadt des ewigen Frühlings“ eingebracht hat. So ist es kein Zufall, dass dieser Ort, wie zahlreiche archäologische Funde in der Gegend belegen, seit 10.000 Jahren bewohnt ist.

Die Atacama-Wüste

Die Region südlich von Arica und Parinacota erstreckt sich bis in die Atacama-Wüste, die trockenste Küstenwüste der Welt, abgesehen von den Antarktischen Trockentälern (s. S. 61). Die außergewöhnliche Trockenheit – die durchschnittliche Regenmenge liegt bei 0,6 mm pro Jahr – ist auf den Humboldtstrom sowie die geografische Lage dieser sehr schmalen, zwischen dem chilenischen Küstengebirge (Cordillera de la Costa) und den Anden gewissermaßen in einem doppelten Regenschatten gelegenen Wüste zurückzuführen. Die feuchten, westlichen Luftströme vom Pazifik werden vom Humboldtstrom ausgebremst, die nordöstlichen aus dem bolivianischen Amazonasbecken bleiben an den Anden hängen. In dieser uneinnehmbaren Trockenheitsbastion ist Regen nur ein ferner Traum: laut *New York Times Almanach* gab es mancherorts in der Atacama zwischen den Jahren 1570 und 1971 keinerlei nennenswerten Niederschlag.

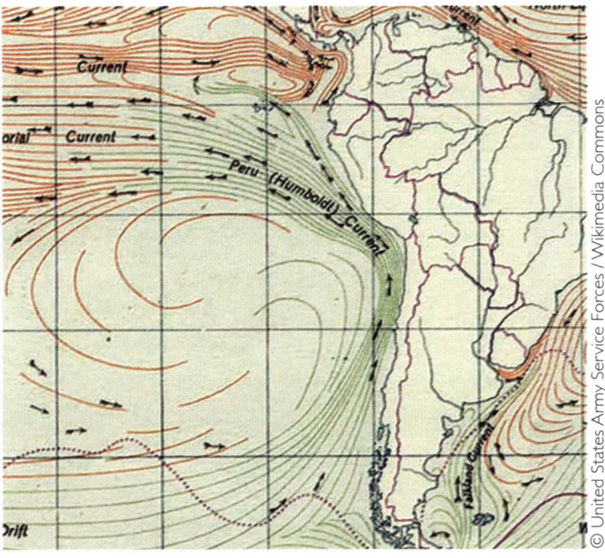

© United States Army Service Forces / Wikimedia Commons

HONDURAS
Caribbean Sea
NICARAGUA
COSTA
RICA
PANAMA
VENEZUELA
GUYANA
FRENCH
GUIANA
COLOMBIA
SURINAME
ECUADOR
Galapagos
(ECUADOR)
PERU
BRAZIL
BOLIVIA
Pacific
Ocean
PARAGUAY
Atlantic
Ocean
CHILE
URUGUAY
ARGENTINA
Falkland Islands
(Islas Malvinas)
(U.K.)
Bahía Felix
South Georgia
(U.K.)
N
1 000 km

Leuchtturm von Bahía Félix • Chile

325 Tage Regen im Jahr, Weltrekord für einen bewohnten Ort

Die vier Offiziere der chilenischen Marine, die sich um die Instandhaltung des Leuchtturms von Bahía Félix in Feuerland kümmern, können von sich behaupten, im regen- und vermutlich auch mit windreichsten Klima des Planeten zu leben.

Am äußersten Südzipfel Chiles mit seinen Myriaden von im Pazifik, an der Westmündung der Magellanstraße, verstreuten Inseln sprechen die Zahlen eine eindeutige Sprache: an durchschnittlich 325 Tagen im Jahr regnet (oder schneit) es.

Die vom Niederschlagsmessgerät der Wetterstation gemessenen Mengen sind, global betrachtet, im Vergleich zu anderen Orten nicht übermäßig hoch, doch die Häufigkeit der Niederschläge macht diese Region klimatechnisch zu einer der extremsten weltweit.

Mehrere meteorologische Modelle sind für dieses Phänomen verantwortlich: zunächst einmal ist Patagonien (mit Ausnahme der Antarktis) die einzige Landmasse der südlichen Hemisphäre, die über 50° südlicher Breite hinausreicht. Zudem zeigt ein genauerer Blick auf den Globus, dass sich in einem Streifen zwischen 56° und 60° südlicher Breite überhaupt keine Landmasse befindet. Das bedeutet, dass die vom polaren Strahlstrom (Jetstream) gespeisten westlichen Ozeanwinde (SWW – Southern Westerly Winds) auf ihrem Weg um den Planeten auf keinerlei Hindernisse stoßen und wie ein unerschöpflicher Generator von Wolkenbändern fungieren, die schnell über einen riesigen, kalten Ozean ziehen. Diesen Luftmassen ist das südliche Patagonien vor allem im Westen, dort, wo der Faro Bahía Félix steht, schutzlos ausgeliefert, eine Landzunge, auf der das Klima egal zu welcher Jahreszeit von beständigem Wind und Regen geprägt ist.

NUEVA DELHI
16.250 Kms.
SEUL
17.801 Kms.
SIDNEY
9.519 Kms.
ANTÁRTICA
3.838 Kms.
DUBAI
14.616 Kms.
• USTED ESTA AQUÍ
You Are Here

Zum Vergleich: Auf der nördlichen Hemisphäre sorgen der prozentual höhere Anteil Landmasse sowie warme Meeresströmungen dafür, dass sich der Jetstream unregelmäßiger entwickelt, mit semipermanenten Tiefdruckgebieten, die vor der Küste von Alaska sowie um Island und im Nordosten Sibiriens entstehen. Dies führt zu einem komplexeren Wechsel aus Hoch- und Tiefdruckgebieten und Niederschlägen, die, im Vergleich zu der (mit Dänemark vergleichbaren) geografischen Breite des chilenischen Teils von Feuerland, einen weniger konstanten Verlauf nehmen.

Von November bis April herrscht Sommer am Faro Bahía Félix mit Temperaturen zwischen 10 und 2 °C. Im Winter, von Mai bis Oktober, liegen die Temperaturen mit einem Wechsel aus Regen und Schnee um den Gefrierpunkt. Die jährliche Gesamtniederschlagsmenge liegt bei rund 4600 Millimetern. Zwischendurch klart es auf. Dann erhält die Region eine kurze, meist nur wenige Stunden andauernde, Verschnaufpause. In seltenen Ausnahmefällen kommt es zu anhaltenden Hochdruckphasen. Die längste regenfreie Periode seit Beginn der Wetteraufzeichnungen dauerte acht Tage.

Der Faro Bahía Félix

Der 14 Meter hohe Leuchtturm wurde 1907 eingeweiht in dem Ziel, den Schiffsverkehr in der Magellanstraße, einer seit ihrer Entdeckung durch den portugiesischen Seefahrer im Jahr 1520 strategischen Passage, zu überwachen. In dem mit Argentinien geschlossenen Grenzvertrag von 1881 gab Chile die exklusive Kontrolle über die Meerenge auf. Nach mehr als dreißig Zwischenfällen zwischen 1869 und 1894, bei denen häufig Schiffe, Menschenleben und wertvolle Ladungen verloren gingen, beschloss die chilenische Regierung, an der Südküste des Landes ein von Fachkräften betriebenes und gewartetes Signalsystem aufzubauen. Der Auftrag für das Projekt ging an den schottischen Ingenieur George Slight Marshall, der insgesamt 70 Leuchttürme baute, darunter jener auf der kleinen Insel Bahía Félix, dem durch seine außergewöhnlich exponierte Lage an der westlichen Einfahrt zur Magellanstraße besondere Bedeutung zukam.

Heute befindet sich der Leuchtturm im Besitz der chilenischen Marine mit Stützpunkt in Punta Arenas. Er beherbergt eine Funkstation, eine Zollstation, eine Anlegestelle und eine Reparaturhalle. Erreichbar ist er ausschließlich mit dem Helikopter.

ARGENTINA

CHILE

Drake
Passage

Antarctic Peninsula

Neumayer Station

Maitri Station

Showa Station

Halley Station

Belgrano
Station

Mawson Station

Zhongshan Station

ANTARCTICA

Amundsen Scott
South Pole Station

Peter I
Island

Mirny Station

Vostok

Casey Station

McMurdo
Station

Zucchelli
Station

Dumont d'Urville
Station

Antarctic Circle

N

1 000 km

Trockentäler · Antarktis

Die trockenste, völlig regenlose Wüste der Welt

Die Dry Valleys („Trockenentäler") sind eine Anomalie der antarktischen Landschaft. Es handelt sich dabei um ein Gebiet nahe dem Rossmeer und der US-amerikanischen McMurdo-Station, in dem es – ein weltweiter Einzelfall – überhaupt keine Niederschläge gibt. (Selbst in den aridesten Wüsten wie der Atacama fällt durchschnittlich 1 mm Regen pro Jahr.)

Das Ergebnis ist eine marsähnliche Landschaft, die aus genau diesem Grund als Basis für die Erforschung der Ausrüstung für Expeditionen zum roten Planeten erwählt wurde. Anders als in anderen Territorien der Antarktis, sind die Dry Valleys nicht mit Eis oder Schnee bedeckt, sondern dauerhaft von dunkelbrauner Färbung. Wie lassen sich dieses extreme Klima und diese Bodenbeschaffenheit erklären?

Bei der Suche nach der Antwort auf diese Frage beginnt man am besten mit dem Umstand, dass in der gesamten Antarktis im Jahresdurchschnitt kaum mehr als 166 Millimeter Niederschläge zu verzeichnen sind, wodurch die Region zu den Wüsten zählt. (Ab weniger als 250 mm Jahresniederschlag gilt ein Ort klimatisch als Wüste.). Zu diesem ohnehin sehr ariden Klima kommt die besondere Rolle des Polarplateaus und des Transantarktischen Gebirges. In den innen liegenden Zonen kühlt die Luft, die auf den starken, ausgedehnten Eisschild auftrifft, ab. Aufgrund der zunehmenden Dichte beginnt sie daraufhin, wie eine Luftkaskade zur Küste hin abzugleiten. Dabei trifft die Luftmasse auf die (über 4500 Meter hohe) Transantarktische Gebirgskette und steigt abrupt auf, um die Kämme zu überwinden und auf der anderen Seite mit hoher Geschwindigkeit in die Trockentäler abzufallen. Die durch das abrupte Abgleiten extrem kalter Luftmassen entstehenden Winde werden daher auch als Fallwinde (katabatische Winde) bezeichnet. Sie erreichen Geschwindigkeiten bis 300 km/h und zeichnen sich insbesondere dadurch aus, dass sie die Luft austrocknen und ihr jegliche Feuchtigkeit entziehen. Wie ein Taschenspieler lässt der katabatische Wind der Dry Valleys Wolken und Schneeflocken einfach „verschwinden". Denn bevor diese es sich auf der Erde gemütlich machen können, werden sie durch den Wind sublimiert, soll heißen, ihre winzigen Eiskristalle werden in den gasförmigen Zustand versetzt. Zudem versucht sich der Wind in diesen Tälern auch als Künstler und erschafft seltsam anmutende Skulpturen, sogenannte Ventifacts, große, durch die von den Luftströmungen mitgeführten Sandkörner glattpolierte Felsformationen. Aufgrund des Windes und der fehlenden Feuchtigkeit bildet sich am Boden auch kein Eis, sodass die Trockentäler auf immer und ewig zu einem Dasein als nackte Granit- und Kalksteinflächen verdammt sind. Im kurzen Sommer tauchen hier und da vereinzelte, kleine Tümpel auf und ein Fluss, der Onyx, der sich durch temporäres Schmelzwasser der umliegenden Gletscher bildet.

Rund 90 Kilometer von den Dry Valleys entfernt liegt mit der US-amerikanischen McMurdo-Station, die im Sommer bis zu 1000, im Winter rund 200 Menschen beherbergt, die nächste menschliche Siedlung. Diese größte Basis der Antarktis dient Forschungszwecken und, mit ihrem Hafen, drei Start- und Landebahnen, einem Hubschrauberlandeplatz und mehr als 100 Gebäuden, zugleich als Logistikstützpunkt. Die Wissenschaftler der Station sind Teil des United States Antarctic Program (USAP) und koordinieren die gesamte Forschungstätigkeit der Region. Bei in den Trockentälern durchgeführten Studien wurden extremophile Mikroorganismen gefunden, darunter Flechten, Moose und Mikrobengemeinschaften mit Cyanobakterien und Nematoden (Fadenwürmern). So bricht sich selbst in der trockensten Wüste der Welt das Leben Bahn.

Die Wüsten der Erde

Als Wüste gelten Gebiete mit einem Jahresniederschlag von weniger als 250 Millimetern. (Im Zentrum der Sahara werden bspw. max. 50–100 mm erreicht.) Je nach Temperatur werden auf der Erde heiße Wüsten, kalte Wüsten und Polarwüsten unterschieden.
Erstere liegen in den subtropischen und tropischen Klimazonen. Zu ihnen zählen, allen voran, die Sahara, die Namib, die Kalahari, die Rub' al-Khālī (Arabische Halbinsel), die Atacama, die Syrische Wüste, die Chihuahua-Wüste (Mexiko und USA), die Großes-Becken-Wüste (Westen der USA) und die Große Sandwüste in Australien.
Die kalten Wüsten erstrecken sich in den durch kontinentales Klima geprägten Zonen der gemäßigten Breiten und sind durch extreme Temperaturschwankungen (Tag/Nacht sowie Sommer/Winter) gekennzeichnet. Zu dieser Kategorie zählen insbesondere die Wüste Gobi (–40 °C im Winter +45 °C im Sommer), die Karakum in Turkmenistan sowie das Colorado-Plateau in den USA.
Unter den vielen extremen Umgebungen des Planeten stechen die Polarwüsten aufgrund ihrer schier unendlichen Weite aus Schnee und ewigem Eis und ihrem klirrend kalten Klima besonders hervor. Hierzu zählen die Antarktis, die Arktis und Grönland. Landschaftlich finden sich in diesen Regionen neben Eis vor allem Felsen und Geröll.

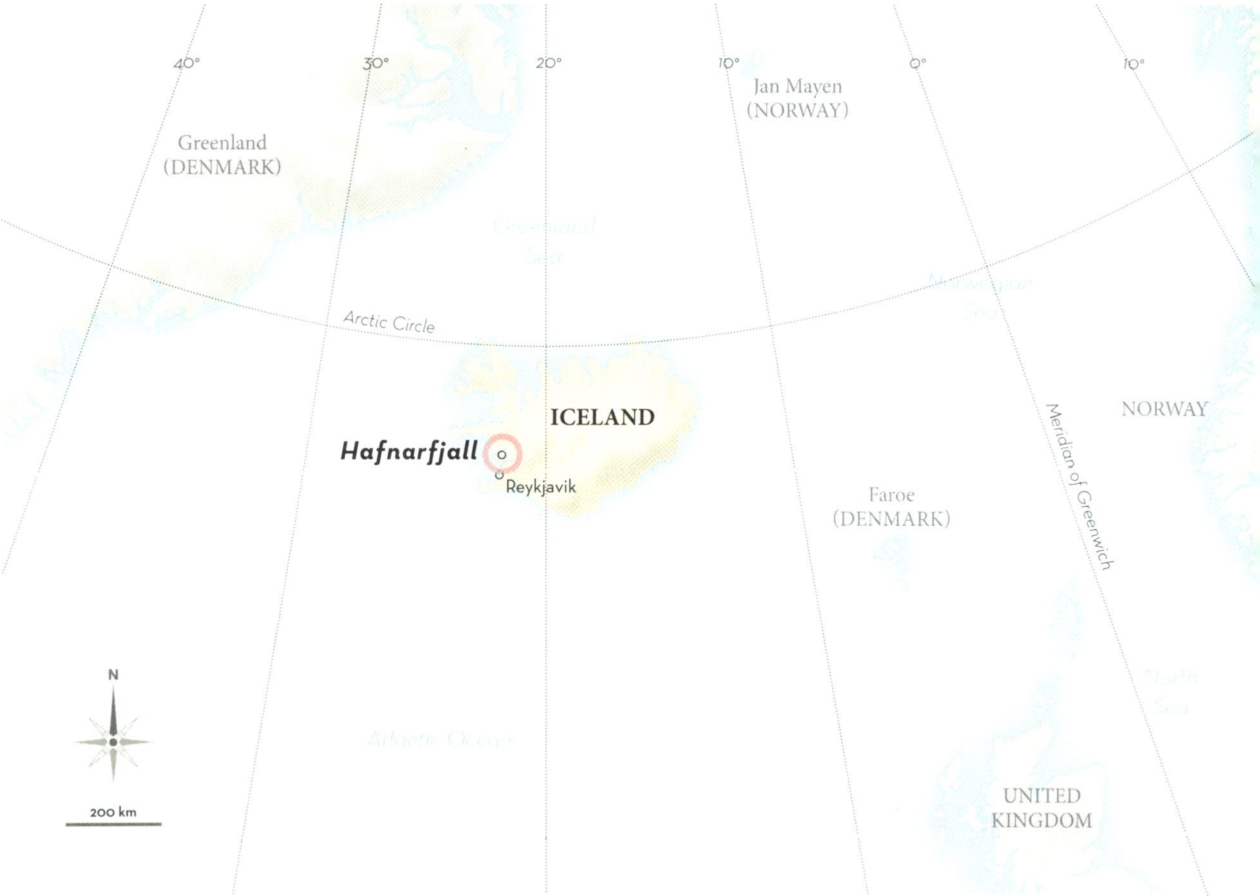
40°
30°
20°
10°
0°
10°
Jan Mayen
(NORWAY)
Greenland
(DENMARK)
Greenland Sea
Norwegian Sea
Arctic Circle
ICELAND
Hafnarfjall
Reykjavik
NORWAY
Meridian of Greenwich
Faroe
(DENMARK)
N
North Sea
Atlantic Ocean
UNITED
KINGDOM
200 km

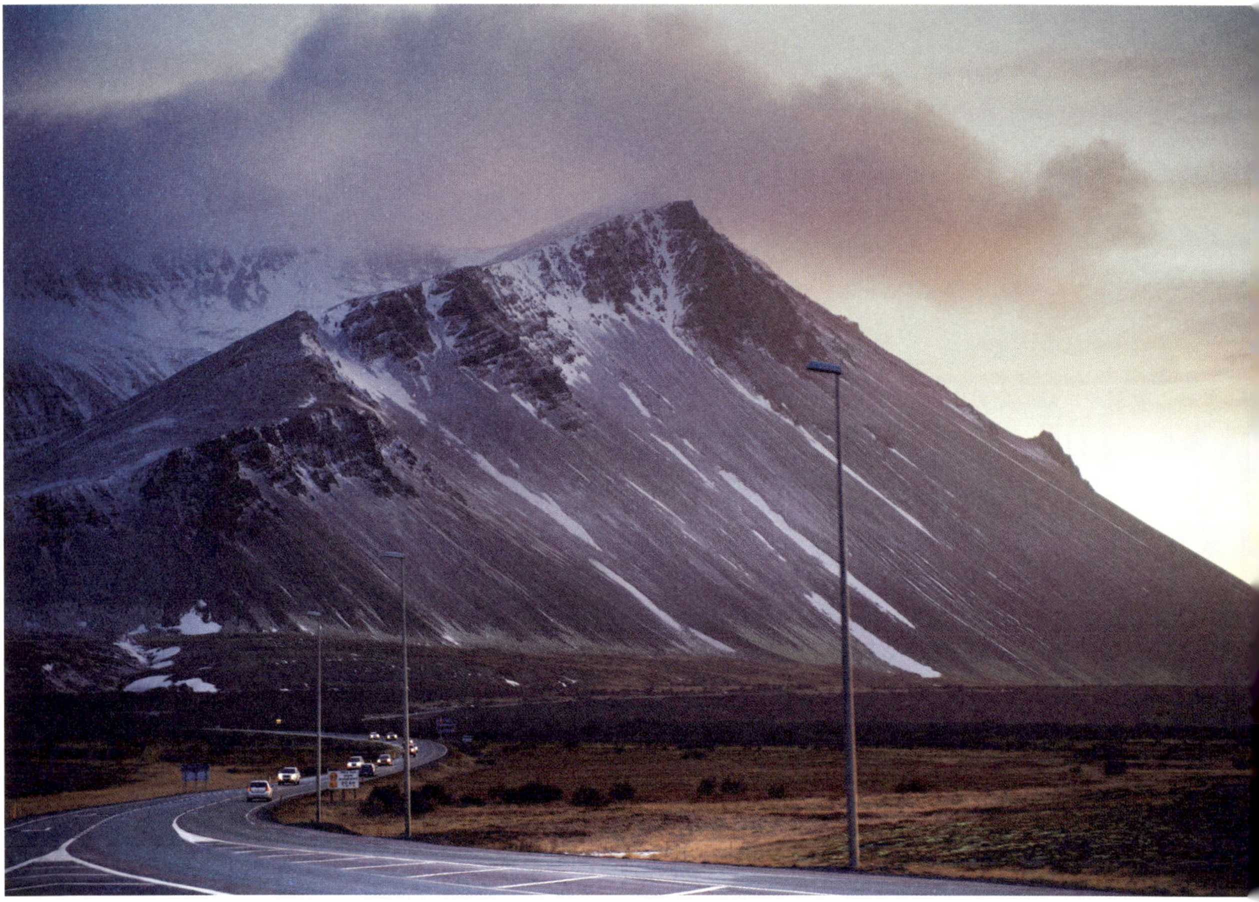

Wetterstation Hafnarfjall · Island

Wütender Wind in Hafnarfjall

Für Isländer heißt „gutes Wetter" so viel wie „kein Wind".
Es kann regnen, schneien, neblig oder eiskalt sein – was bestimmt, wie angenehm das Wetter ist, ist allein die Tatsache, ob es windig ist oder nicht.
Auf Island kann einem der Wind mit Böen von über 200 Kilometern pro Stunde jederzeit einen Strich durch die Rechnung machen. Wer das örtliche Klima nicht kennt, muss extrem vorsichtig sein. Nicht selten werden zum Beispiel Autotüren abgerissen (weshalb es sich für Touristen empfiehlt, eine Versicherung abzuschließen, die witterungsbedingte Schäden abdeckt).
Orte, die davon ausgenommen wären, gibt es angesichts der geografischen Lage des Landes mitten im Atlantik und nur knapp unter dem nördlichen Polarkreis keine. In einigen Gebieten treten jedoch gehäuft orkanartige Windstöße auf. Zyklone über dem Atlantik wandern von West nach Ost. Die tiefsten Tiefdruckgebiete liegen dabei oft im Süden von Island. Als Folge dieses Phänomens sind die in Richtung Ost-Südost wehenden Winde besonders stark, da sie von dem sich nach Osten bewegenden schwächeren Luftdruck angezogen werden. Am stärksten davon betroffen ist die Südostküste der Insel.
Ein Beispiel? Die Wetterstation Hafnarfjall, rund 40 Kilometer nördlich von Reykjavik am Fuß der Bergkette Skarðsheiði gelegen, verzeichnete am 14. Februar 2020 einen aus Osten kommenden Windstoß mit einer Geschwindigkeit von 255 Kilometern pro Stunde. Diese irre Windgeschwindigkeit wurde durch die hinter dem Ort liegenden Berge begünstigt, die den Gleiteffekt der ohnehin starken Ostwinde um ein Vielfaches verstärkten (ein Phänomen, das als Fallwind oder katabatischer Wind bezeichnet wird).
Die menschlichen Ansiedlungen in diesem Straßenabschnitt beschränken sich auf zwei Hotels. Es gibt keine Vegetation und keine Hindernisse, die sich der Luftbewegung in den Weg stellen würden. Sollten Sie also auf diesem Abschnitt der Ring Road unterwegs sein, schauen Sie sich vorher unbedingt den Wetterbericht genau an. Die offizielle Wettervorhersage für Island (Icelandic Met Office) finden Sie auf vedur.is.

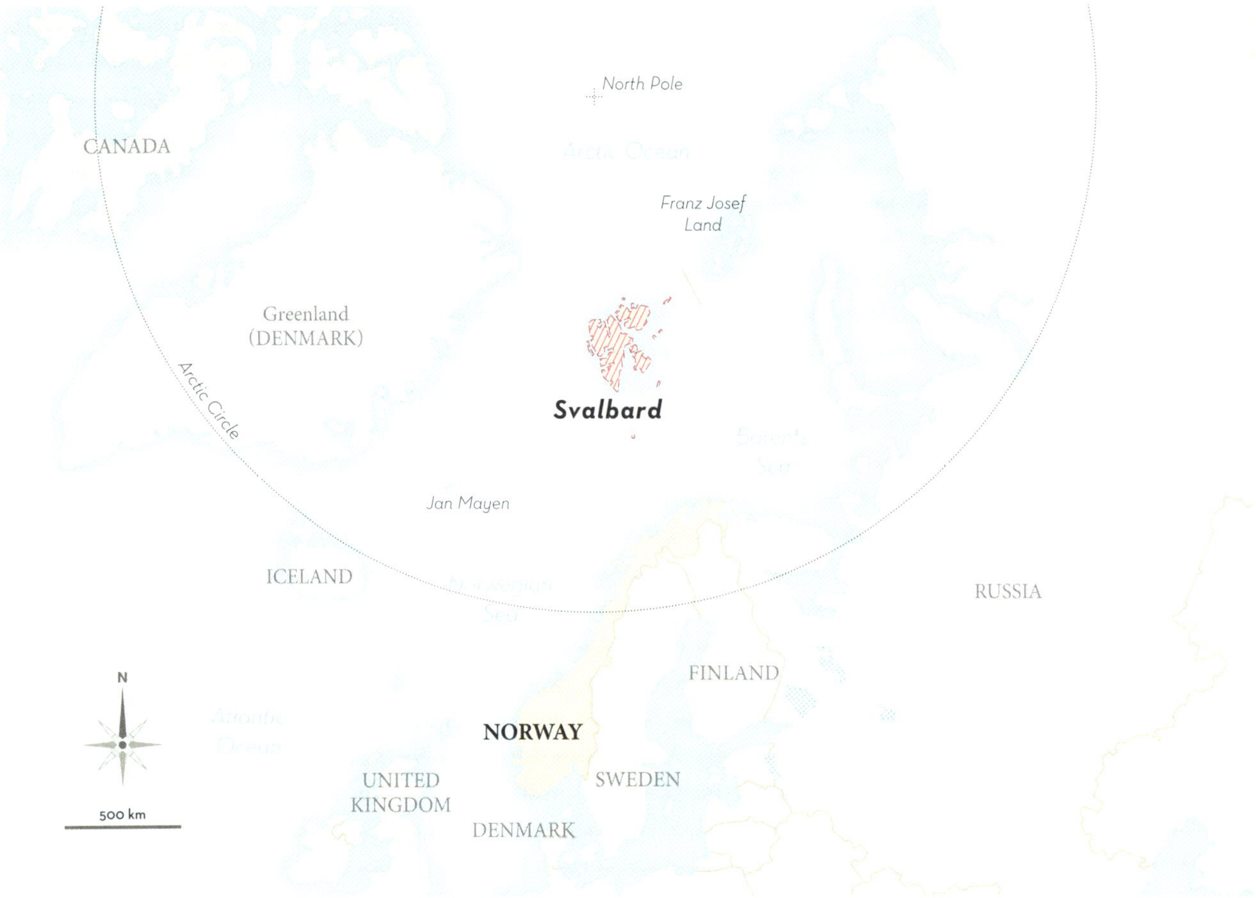

North Pole

CANADA

Franz Josef
Land

Greenland
(DENMARK)

Arctic Circle

Svalbard

Jan Mayen

ICELAND

RUSSIA

N

FINLAND

NORWAY

UNITED
KINGDOM

SWEDEN

DENMARK

500 km

Pyramiden • Spitzbergen, Norwegen

Der nördlichste Punkt der Erde, an dem mindestens 1000 Menschen dauerhaft leben

Schneestürme, Wintertemperaturen von nicht selten unter −20 °C (der Temperaturrekord liegt bei −46 °C), strenger Wind, an 250 Tagen im Jahr schneebedeckte Böden, unbeirrbar herumstreifende Eisbären und, natürlich, die schier unendlich lange Polarnacht (in der sich von Ende Oktober bis Mitte Februar keine Sonne zeigt).
So zeigt sich der Winter in Pyramiden auf Spitzbergen, dem nördlichsten Punkt der Erde, an dem mindestens 1000 Menschen dauerhaft leben.
Das Wetter an diesem Ort ist wohl einzigartig, wie die Geschichte dieses noch heute bewohnten Vorpostens des Nordpols auf 79° nördlicher Breite überhaupt.
Ende der 1920er-Jahre erwarb das Bergbauunternehmen Russki Grumant infolge des Spitzbergenvertrags das Recht zur Förderung bestimmter Kohlevorkommen rund 60 Kilometer nördlich von Longyearbyen, der größten Siedlung dieser arktischen Inseln. Nach der Zerstörung der einzigen Basis im Zweiten Weltkrieg durch die Wehrmacht kam die Minenaktivität durch sowjetische Staatsunternehmen erst in den 1960er-Jahren wieder in Schwung. Eine dauerhafte Siedlung entstand.
Etwa zur gleichen Zeit erhielt die Siedlung aufgrund der pyramidenartigen Form des hinter der Stadt an der Adolfbukta-Bucht gelegenen Berges den Namen Pyramiden. Die sowjetischen Behörden ließen sich von den extremen Klimabedingungen nicht abschrecken und errichteten eine Kleinstadt samt der gesamten Infrastruktur, die für die Entwicklung einer „idealen Gesellschaft" nötig ist.
Zwischen 1960 und 1980 lebten in Pyramiden mehr als 1000 Menschen. Es gab einen Kindergarten, eine Grundschule, ein beheiztes Meerwasserschwimmbad, ein Krankenhaus mit Operationssaal, eine Bibliothek mit 50.000 Bänden, ein Kino/Theater mit 300 Plätzen, Sporthallen sowie ein Basket- und Fußballfeld. Die Häuser verfügten über keine eigene Küche. Das Essen wurde in einer Kantine gereicht.
Auf dem Hauptplatz wurde eine Lenin-Statue aufgestellt – die nördlichste des Planeten.
Neben dem wirtschaftlichen Nutzen des Kohleabbaus waren Sinn und Zweck von Pyramiden eindeutig: Die UdSSR wollte dem Rest der Welt beweisen, dass sie in der Lage ist, im Reich von Eisbären, Schneestürmen und Frost Menschen anzusiedeln.
Der Niedergang von Pyramiden begann ab 1991 mit dem Zusammenbruch der Sowjetunion. 1998 wurde die Siedlung aufgegeben. Die letzten rund 300 Bewohner wurden aufgefordert, sich ein neues Zuhause zu suchen. In den Sommermonaten kann Pyramiden heute im Rahmen einer Führung besichtigt werden. Aufgrund des eisigen Klimas sind die Gebäude erstaunlich gut erhalten, was den Ort wohl zu einer der faszinierendsten Geisterstädte der Welt macht.
Auf dem Landweg ist Pyramiden nur mit dem Motorschlitten erreichbar. Eine andere Möglichkeit ist der Seeweg mit der *Polar Charter* ab Longyearbyen.
Seit der Wiedereröffnung des Hotels *Tulpan* im Jahr 2013, dem einzigen Gebäude der Stadt mit Stromanschluss, ist Pyramiden wieder zunehmend von touristischem Interesse. Von März bis Oktober können Liebhaber des alten Sowjet-Stils hier in authentischer Umgebung übernachten, das kleine Museum besichtigen und in dem hauseigenen Restaurant hervorragend speisen. Sechs Bewohner halten heute im Wechsel den Betrieb in Pyramiden, diesem surrealistischen, klimatisch so feindseligen Ort am Ende der Welt, am Laufen.

North Pole
CANADA
Arctic Ocean
Franz Josef
Land
Greenland
(DENMARK)
Arctic Circle
Barents
Sea
Jan Mayen
Vannoya
ICELAND
Norwegian
Sea
RUSSIA
N
FINLAND
Atlantic
Ocean
NORWAY
UNITED
KINGDOM
SWEDEN
500 km
DENMARK

Vannøya • Norwegen

Die Polar Lows: arktische Mini-Hurrikane

Fischer aus Skandinavien berichten seit Menschengedenken von gefährlichen Begegnungen mit plötzlich auftretenden schweren Stürmen über dem Meer. Diese sind in der Meteorologie als Polar Lows (Polartiefs) bekannt. Es handelt sich dabei um kleine Tiefdruckgebiete, die aufgrund ihrer schnellen Entstehung innerhalb von 24 bis 36 Stunden und ihrem geringen Durchmesser von gerade einmal 100 bis 300 Kilometern nur schwer vorhersagbar sind. Trotz ihrer geringen Größe gehen diese Stürme mit extremen atmosphärischen Bedingungen einher.
Bei einem Polartief kann das Wetter urplötzlich umschlagen. Schneestürme brechen aus, Straßen und Flughäfen werden gesperrt, aus einer leichten Brise wird in weniger als zehn Minuten stürmischer Wind, die Sicht verringert sich und auf dem Meer tauchen anormale Wellen auf.
Die Insel Vannøya, jenseits des Polarkreises (70° nördliche Breite) vor der norwegischen Küste nördlich von Tromsø gelegen, ist diesen zornigen Winden aufgrund ihrer geografischen Lage in besonderer Weise ausgeliefert. Im Winter liegt die Temperatur im Europäischen Nordmeer durch den Golfstrom 30 °C höher als in den weiter nördlich (im Packeis) und östlich (auf dem skandinavischen Kontinent) gelegenen Gebieten, in denen die Temperaturen zu dieser Jahreszeit weit unter den Gefrierpunkt fallen. Durch diese thermische Abweichung bilden sich zwei ausgedehnte Gebiete mit extrem divergierendem Luftdruck. Im europäischen Teil des Atlantiks zwischen dem 50. und dem 75. Grad nördlicher Breite kann dies zur Entstehung mittlerer Winterzyklone führen. Durchqueren zwischen Oktober und April extreme Kaltluftströmungen vom Nordpol dieses Band, fällt das fragile thermodynamische Gleichgewicht in sich zusammen, und die Atmosphäre wird unvermittelt durcheinandergewirbelt. Mildere, feuchte Luft steigt auf, durch den starken Kontrast zwischen diesen unterschiedlichen physikalischen Variablen kommt es zu konvektiven Umlagerungen, in deren Folge sich energiegeladene Wolken mit beträchtlicher vertikaler Ausdehnung (Cumulonimbus) bilden. Der daraus entstehende Tiefdruck nimmt die Form eines kleinen Zyklons an, dessen weniger kaltes Zentrum (Auge) jenem seiner bekannteren tropischen Eltern stark ähnelt, weshalb Polar Lows oft auch als „kleine Arktis-Hurrikane“ bezeichnet werden. Zu beobachten ist dieses Phänomen auch in einigen Teilen Alaskas sowie im Norden Japans. Die Nordwestküste Norwegens ist jedoch deutlich häufiger betroffen. Ein Großteil der atmosphärischen Phänomene, die in Verbindung mit diesen Tiefdrucksystemen auftreten, entlädt sich im Meer und an den Küsten. Die angestoßene Energie nimmt mit zunehmender Entfernung vom Meer ab und setzt ihren Weg über den Kontinent fort, wo sie den für ihren Aufbau nötigen Kraftstoff verliert.

Ein weiterer Grund, weshalb diese arktischen Stürme auf Vannøya besonders häufig auftreten, ist die Orografie, soll heißen, die Geländeform der Insel. Flächenmäßig ist diese kaum 232 Quadratkilometer groß. Interessant sind jedoch die beiden knapp über 1000 Meter hohen Berge Vannkista und Peppertinden. Mit ihren Erhebungen verstärken sie die Kraft dieser Schlechtwetterfronten sowohl in Sachen Wind als auch im Hinblick auf die Niederschläge. Die steil abfallenden Hänge dieser Berge führen durch Fallwindeffekte (katabatische Winde) zu höheren Windgeschwindigkeiten und aufgrund des damit verbundenen Sperrmechanismus (Staueffekt) zu starken Schneefällen, die auf Niederschläge aus Westnordwest zurückzuführen sind. Der arktische Sturm vom Oktober 2001, bei dem ein Polar Low nahe dem Fischerdorf Torsvåg im Norden der Insel entstand, zählt zu den schwersten, die Vannøya bislang gesehen hat. Er brachte ein Schiff zum Kentern, ein Besatzungsmitglied starb.
Bis Ende der 1970er-Jahre wusste man kaum etwas über den Ursprung und die Merkmale dieses Phänomens. Erst mit Aufkommen von Infrarotsatelliten wurde es möglich, die komma- bzw. spiralförmigen Mini-Zyklone zu identifizieren.

Das Hotel der Extreme eines italienischen Seefahrers

Vannøya mit seinen rund 800 Bewohnern kann mit Fug und Recht als Ort am Ende der Welt bezeichnet werden. Just aufgrund ihrer Extreme beschloss der italienische Seefahrer und Schriftsteller Marco Rossi, hier, im Südosten der Insel, für Reisende und Lesehungrige das *Nordlight* zu eröffnen. Er renovierte auf einem 15 Hektar großen Grundstück mit einem Kilometer Strand und eigenem Leuchtturm zwei Holzgebäude, die Casa Rossa und die Casa dei Libri, und richtete diese mit lokalen Materialien und viel Liebe zum Detail ein – große Landkarten und Atlanten inklusive. Die Gemeinschaftsräume werden mit einem gemütlichen Holzofen beheizt. Strom kommt aus dem nahen Windpark. Die großen Fenster scheinen extra zur Beobachtung von Stürmen und Nordlichtern eingebaut worden zu sein.
Nach einem Leben auf See hat Marco Rossi sich bewusst für Vannøya entschieden: Er liebt die Kälte und den Ozean und beschreibt das *Nordlight* als „Refugium für Reisende ans Ende der Welt, einen Ort, an dem sie lesen und zu sich selbst finden können".

Shetland
NORWAY
Orkney
Rockall
Outer Hebrides
Inverness
Meridian of Greenwich
DENMARK
Glasgow
Edinburg
Belfast
Isle of Man
Manchester
IRELAND
Liverpool
UNITED KINGDOM
Fairbourne
NETHERLANDS
N
Birmingham
Cardiff
Bristol
London
GERMANY
BELGIUM
200 km
Bishop Rock
FRANCE

Fairbourne • Wales, Vereinigtes Königreich

Das Dorf, das aufgrund eines Anstiegs des Meeresspiegels um einen Meter „bis 2045 aufgegeben werden muss"

Was für ein ein extremes Klima kann es in einem kleinen walisischen Dorf, das halb von Rentnern, halb von britischen Urlaubern auf der Suche nach Ruhe bewohnt wird, schon geben? Die Antwort liegt in den Folgen der Klimaerwärmung und in dem damit verbundenen Anstieg des Meeresspiegels. Eine Bedrohung für die Küstenorte unseres Planeten, die ihren konkreten Ausdruck in Fairbourne findet.

Die ersten Häuser des Dorfes wurden in den 1920er-Jahren am Strand in einer weiten Schwemmlandbucht südlich der Mündung des Afon Mawddach errichtet, in der die Flüsse aus den Bergen von Snowdonia, der höchstgelegenen Region von Wales, aufeinandertreffen.

Fairbourne war und blieb ein kleiner Ort (mit kaum mehr als 700 Einwohnern), doch trotz seiner geringen Größe wurde das Dorf zu einem Klima-Fall: Ein Bericht des Verwaltungsrats von Gwynedd kam zu dem Schluss, dass das Gebiet bis 2054 unbewohnbar sein wird und daher „bis 2045 aufgegeben werden muss".

Für die nächsten 30 Jahre wird aufgrund von Küstenerosion, immer heftigeren Stürmen und der allgemeinen Erderwärmung ein Anstieg des Meeresspiegels um einen Meter prognostiziert.

In nicht allzu ferner Zukunft könnte der Anstieg des Meeresspiegels auch in Kombination mit einem der Hochwasser auftreten, zu denen es am Afon Mawddach aufgrund der starken Niederschläge in den Höhenlagen von Snowdonia (3000–4000 mm/Jahr) immer wieder kommt. Dann wäre kein Schutzsystem der Welt mehr in der Lage, Fairbourne zu retten. Unter den Einwohnern regt sich Protest. Durch die Ankündigung sind die Immobilienpreise gesunken. Für den Kauf oder den Bau neuer Häuser werden keine Darlehen mehr vergeben.

Viele glauben nicht an das prognostizierte Szenario und weigern sich, die Rolle als potenziell erste Klimaflüchtlinge Europas anzunehmen.

Die Öffentlichkeit in Wales verweist auf die Niederlande, wo die Gezeiten seit Jahrhunderten mit ansehnlichen Ergebnissen im Zaum gehalten werden. (Angesichts des Klimawandels hat jedoch auch die niederländische Regierung 2006 eine neue Strategie verabschiedet, wonach landwirtschaftliche Flächen in Schwemmland umgewandelt und teils auch Anreize für Anwohner geschaffen werden, bestimmte Gebiete zu verlassen.)

Die territoriale Treuhandgesellschaft Natural Resources Wales hat verkündet, dass sie an einer Lösung zur Unterstützung von Gemeinden wie Fairbourne arbeitet. Denn auf absehbare Zeit könnte der Klimawandel auch für andere Dörfer und Städte in diesem Küstenabschnitt zur Gefahr werden.

GERMANY

AUSTRIA

Basel

Zürich

LIECH.

Luzern

Bern

FRANCE

SWITZERLAND

Fribourg

Lausanne

Geneva

N

100 km

ITALY

Die Bise • Schweiz

Der Wind, der den Genfer See gefrieren lässt

Unter all den Winden, die in den Schweizer Tälern wehen, gibt es einen, der von besonderer Schärfe gekennzeichnet ist und in der Lage ist, ein kurioses (und extremes) Wetterphänomen hervorzurufen, das in Verbindung mit aufgepeitschtem Wasser aus dem Genfer See in Uferlagen bizarre Eisformationen bildet.

Die Bise – so der Name des Phänomens – ist ein Wind, der sich immer dann erhebt, wenn zwischen Frankreich und dem Vereinigten Königreich hoher und im Mittelmeerraum tiefer Druck herrscht und den Nordwesten der Schweiz zwischen diesen gegensätzlichen Druckgebieten einzwängt.

Auf einer meteorologischen Karte äußert sich diese Grenzlinie in immer enger beieinander liegenden Isobaren – ein Synonym für stürmische Winde.

Die sich daraus ergebende atmosphärische Dynamik ist ein Fluss kalter und trockener Luft, der sich von Kontinentaleuropa in einem Kanal zwischen dem Jura und den Savoyer Alpen in Richtung Genfer See bewegt.

Mit zunehmender Enge des Tals wird der Wind weiter komprimiert, wodurch er in einer Art Trichtereffekt über 100 Stundenkilometer erreichen kann.

Dann fegt die Bise buchstäblich über die Wasseroberfläche hinweg und erzeugt Wellen, die eher an ein Meer als an einen See denken lassen. Im Winter fallen die Temperaturen in Verbindung mit diesem Wind tagsüber nicht selten unter den Gefrierpunkt. Alle Voraussetzungen für das Eisspektakel an dem am stärksten exponierten Südwestufer des Sees zwischen Genf und Versoix sind damit erfüllt.

Begünstigt durch sibirische Luftströmungen verwandelte die Bise im Februar 2012 in Versoix das Ufer in eine packeisartige Landschaft. Die Gischt der Wellen, die sich an den Brüstungen und der Mole brachen, wurde vom Wind Dutzende Meter weiter getragen und gefror nach dem Auftreffen an Land unmittelbar zu Eis.

Autos, Laternen, Sitzbänke und Gehwege fanden sich unter einer dicken Eisschicht wieder, die das Leben am Seeufer über mehrere Tage lahmlegte. Die Bise an sich ist am Genfer See nichts ungewöhnliches, sie tritt im Grunde genommen jedes Jahr auf. Heftige Episoden mit starker Eisbildung wie im Winter 2012 ereignen sich hingegen seltener, etwa alle sieben Jahre.

GERMANY

AUSTRIA

Basel

Zürich

LIECH.

Luzern

FRANCE

La Brévine

Bern

SWITZERLAND

Fribourg

Lausanne

Geneva

N

100 km

ITALY

La Brévine • Kanton Neuenburg, Schweiz

Thermische Inversion in beeindruckendem Ausmaß: ein Tal, in dem es 15 °C kälter ist als in den angrenzenden Gebieten

Am 12. Januar 1987 verzeichnet die Wetterstation in La Brévine die fast unglaubliche Temperatur von –41,8 °C. Betrachtet man ausschließlich bewohnte Orte, ist dies Schweizer Rekord. La Brévine verhalf die Messung zu einer gewissen Berühmtheit.

Wir befinden uns im Kanton Neuenburg an der französischen Grenze, einer Region, die von den wunderschönen Landschaften des Juras geprägt ist. Das Dorf liegt auf einer durch Berge geschützten Hochebene auf 1043 Metern. Die rund 600 Einwohner von La Brévine kennen das meteorologische Phänomen gut, das ihnen in Winternächten eisigen Frost bringt und auf den Namen thermische Inversion hört.

Einfach ausgedrückt bedeutet das, dass es im Tal kälter ist als oben in den Bergen. Ein Phänomen, das es überall auf der Welt gibt und das sich hier in beeindruckendem Ausmaß manifestiert.

In den Hochdruckperioden, die auf die winterlichen Kältewellen folgen, senkt sich der Frost in die tiefen Schichten des flachen Beckens ab und bildet so eine Art Bodenbeschichtung. In dieser Phase beginnt die Interaktion zwischen morphologischem und klimatischem Parameter: In klaren und trockenen Nächten, wenn die Erde mit Schnee bedeckt ist, wird die tagsüber im Boden gespeicherte Wärme viel schneller abgeführt (zur normalen Strahlung kommt ein zweites physikalisches Phänomen hinzu: der latente Wärmeabzug in die Atmosphäre, der durch die Sublimation von Schneekristallen und Eis in trockene Luft verursacht wird und als Albedo-Effekt bekannt ist).

Bei der thermischen Inversion gibt der Boden die Kälte an die darüberliegende Luftschicht ab, während sich die Luftsäule einige Dutzend Meter höher kanonisch, also weniger stark, abkühlt, da sie von dieser Dynamik unberührt bleibt.

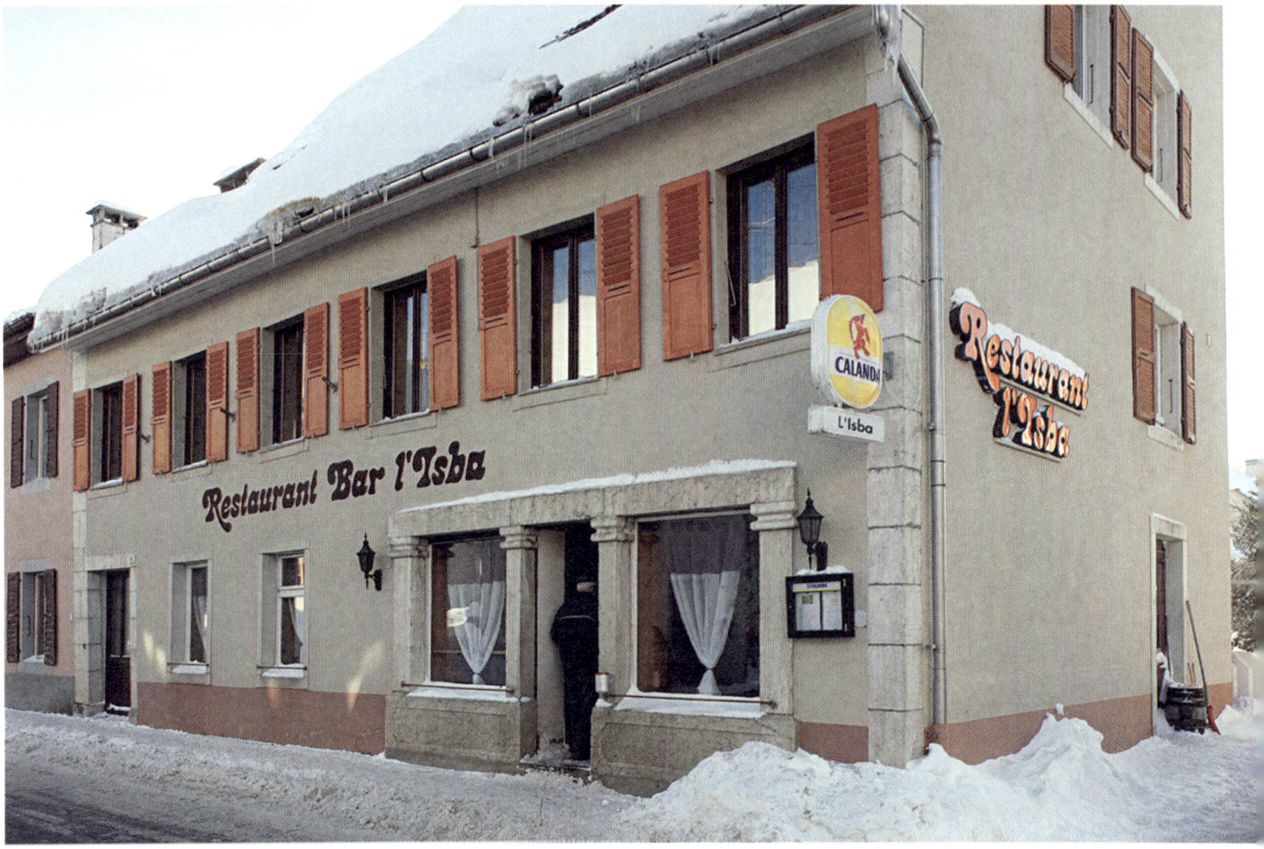
Restaurant Bar l'Isba
CALANDA
L'Isba
Restaurant
l'Isba

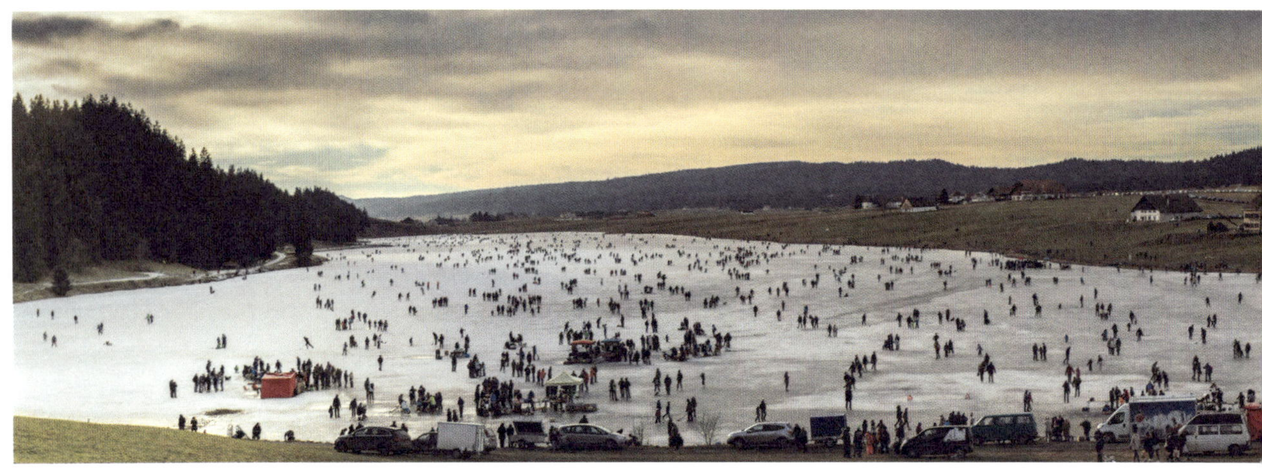

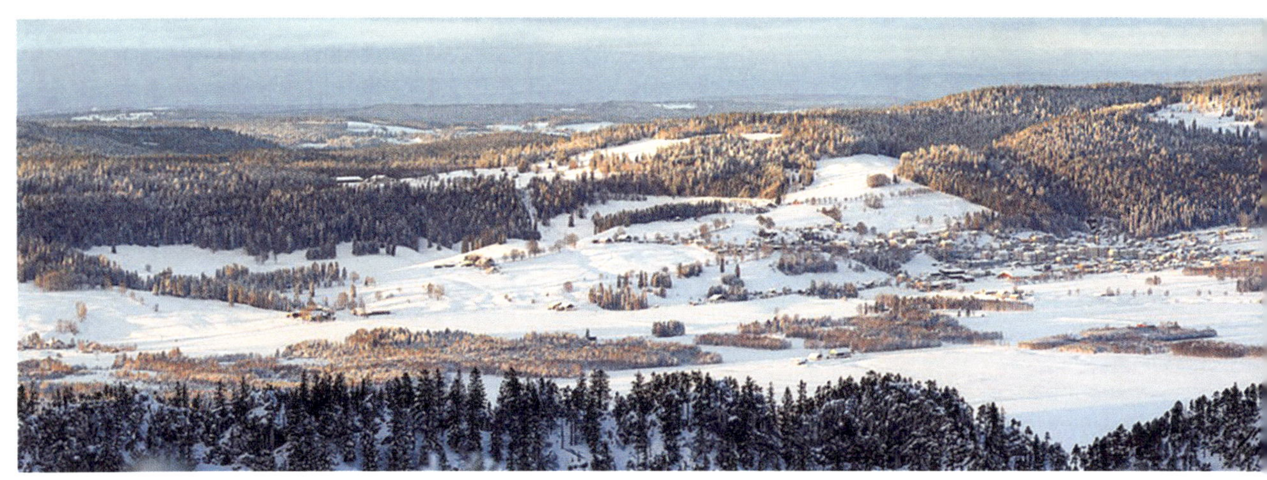

Die Inhaber einiger Geschäfte in La Brévine sowie die Gemeinde selbst haben die Kälte zu ihrem Symbol, ja zu einem Markenzeichen, gemacht. Wer sein Haus einrichten möchte, geht zu Meubles Alaska, alles für den Wintersport findet man bei Siberia Sport und Touristen übernachten in der Auberge au Loup-Blanc. Zum Abendessen geht es dann in das Restaurant L'Isba, benannt nach traditionellen russischen Holzhäusern.

Das kleine Schweizer Sibirien ist Anziehungspunkt für viele Touristen, die auch im Sommer herbeiströmen, wenn auf sommerliche Temperaturen von 25 °C kühle Nächte folgen, in denen das Quecksilber sogar mitten im Juli bis auf unter 5 °C fallen kann. Eine Wohltat in Zeiten der Erderwärmung!

Doch der Klimawandel geht auch an La Brévine nicht spurlos vorüber: Immer häufiger fällt im Winter nur wenig Schnee. Im Sommer 2019 wurden an 15 aufeinanderfolgenden Tagen Maximaltemperaturen von um 30 °C gemessen. Bedenkt man, dass der Temperaturrekord aus dem Jahr 2006 bei 36 °C liegt, ergibt sich für diesen Flecken der Schweiz eine maximale Temperaturspanne von knapp 78 °C – eine der höchsten weltweit.

> In diesem Tal kann die Temperatur gegenüber den angrenzenden Gebieten um 15 °C abfallen. Die Tiefsttemperatur in La Brévine liegt oft unter der auf den Alpengipfeln in über 2500 Metern Höhe gemessenen Temperatur.

© Chriusha (Хрюша) / Wikimedia Commons

CZECH REPUBLIC
GERMANY
SLOVAKIA
AUSTRIA
HUNGARY
SWITZERLAND
Capanna Punta Penia
SLOVENIA
Milan
FRANCE
Venice
CROATIA
SERBIA
BOSNIA AND
HERZEGOVINA
ITALY
MONTENEGRO
Kosov
Adriatic
Sea
Rome
Naples
ALBANIA
Tyrrhenian
Sea
GREE
ALGERIA
TUNISIA
N
Mediterranean
Sea
200 km

Capanna Punta Penia • Marmolada, Italien

Blitze über Blitze: das schaurige Geräusch von sich ausbreitender Elektrizität

Die Schutzhütte Capanna Punta Penia auf dem Gipfel der Marmolada liegt mit 3343 Metern auf dem höchsten Punkt der Dolomiten. Errichtet wurde sie Ende der 1940er-Jahre von dem Bergführer Giovanni Brunner durch Umbau einer österreichischen Militäranlage aus dem Ersten Weltkrieg. Ihre hohe Lage macht sie aus meteorologischer Sicht zu einem Ort der Extreme. Und das nicht nur im Winter, wenn der Gletscher angesichts klirrender Kälte und eisigem Wind nicht passierbar ist, sondern auch im Sommer, wenn heftige Gewitter, Sturmböen und plötzliches nächtliches Schneetreiben auf dem Programm stehen.
Der 49-jährige Carlo Budel, Betreiber der Capanna Punta Penia, kann davon ein Lied singen. Jedes Jahr im Juni erklimmt er den Gipfel, um die Hütte aus dem Winterschlaf zu wecken, zu heizen und für die vielen Wanderer vorzubereiten, die die Marmolada im Juli und August besteigen.
Wenn im Sommer frischere Höhenluft in die über Mittel- und Südeuropa hängende Warmluftglocke eindringt, bilden sich über den Alpen schnell dichte Gewitterwolken (Cumulonimbus), die sich über den Felsgraten entladen. Die Capanna wird häufig zum Ziel dieser Blitze. Wer einmal bei einem Gewitter in der Hütte saß, wird die Folge ohrenbetäubender Entladungen nie vergessen.
Gefahr besteht indes nicht: die metallische Hülle der Capanna fungiert als Faradayscher Käfig, sodass die Energie der Blitze in den Boden abgeleitet wird. Der Lärm der sich über die Oberfläche ausbreitenden Elektrizität kann vor allem nachts jedoch sehr beängstigend wirken.

Der „Wächter der Dolomiten", wie Budel auch genannt wird, verkörpert wie kein anderer die Fähigkeit des Menschen, sich an alle Situationen anzupassen, so unmöglich sie auch erscheinen mögen. Nach 20 Jahren Fließbandarbeit erkannte Budel in der Möglichkeit, die Hütte zu betreiben, die Chance auf einen Neuanfang. Er ließ alles hinter sich und baute sich auf über 3000 Metern über dem Meeresspiegel ein neues Leben auf. Neben den Gewittern hält der Sommer hier oben weitere Überraschungen bereit: unbeschreibliche Sonnenauf- und -untergänge und immer wieder das Gefühl, über den Wolken zu sein.
Doch die Klimaerwärmung geht auch an der Marmolada nicht spurlos vorüber. Beweis dafür ist die Katastrophe, die sich am 3. Juli 2022 ereignete, als sich von der Nordwand des Gletschers zwischen Punta Penia und Punta Rocca ein 80 Meter hoher und 200 Meter breiter Eisturm (*sérac*) löste und elf Menschen in den Tod riss. Die Temperatur in Punta Penia war zu diesem Zeitpunkt bereits siebenmal über die Schwelle von 10 °C und am 20. Juni sogar bis auf 13 °C gestiegen. Die durchschnittliche Höchsttemperatur im Juli liegt bei 2 bis 3 °C.
Seit dem 7. Oktober 2022 gibt es auf der Punta Penia eine Wetterstation, die die klimatischen Bedingungen in Echtzeit aufzeichnet (marmoladameteo.it) – gerade rechtzeitig, um einen neuen Herbsttemperaturrekord aufzuzeichnen: 7,3 °C am 29. Oktober 2022.

SWITZERLAND
HUNGARY
SLOVENIA
Milan
Venice
CROATIA
FRANCE
BOSNIA AND HERZEGOVINA
SERBIA
MONTENEGRO
ITALY
Kosovo
Rome
Roccacaramanico
NORTH MACEDONIA
Naples
ALBANIA
GREECE
N
200 km

Roccacaramanico • Abruzzen, Italien

Die italienische Region, die den inoffiziellen Weltrekord der innerhalb eines Tages gefallenen Schneemenge hält

Die Berge der Abruzzen, besonders jene im Osten wie die Majella, verzeichnen im Winter starke Schneefälle, die angesichts ihrer schieren Menge manch einem Ort in den Alpen oder bestimmten Regionen Alaskas oder Nordjapans in nichts nachstehen.

Das Dorf Roccacaramanico, eine Fraktion der italienischen Gemeinde Sant'Eufemia a Maiella in der Provinz Pescara, ist Jahr für Jahr meist tief eingeschneit. Offiziell leben hier, auf 1050 Metern über dem Meeresspiegel, drei Menschen (im Sommer sind es ein paar mehr).

Die Besonderheit des hiesigen Mikroklimas liegt in der Anordnung der das Dorf umgebenden Bergketten. Der Rücken des Morrone (2061 m) im Westen und des Bergmassivs der Majella (2795 m) im Osten bilden ein breites Tal, das kurz hinter Roccacaramanico trichterförmig zusammenläuft. Auf nordöstlicher Seite hingegen, in Richtung Adria, finden sich keine Hindernisse und die Landschaft fällt sanft zur Küste hin ab.

Im Winter verwandelt sich diese orografische Bresche in eine Schneise für eisige Balkanwinde. Aufgrund einbrechender Kälte aus Osteuropa nimmt der Nordostwind Gregale über der Adria Feuchtigkeit auf und erzeugt dichte Wolkenbänder, die in Richtung Roccacaramanico ziehen und dort mit viel Niederschlag im Gepäck ankommen.

Dieses in der Meteorologie als Adriatic Snow Effect (ASE) bekannte Phänomen fungiert als wahre Schneefabrik. In Roccacaramanico kann es so mehrere Tage lang mit schier unglaublicher Intensität schneien. Die Region hält den inoffiziellen Weltrekord der innerhalb eines Tages gefallenen Schneemenge: Am 17. Dezember 1961 fielen hier Aufzeichnungen des berühmten italienischen Meteorologen Bernacca zufolge 365 Zentimeter der weißen Pracht. Ein Wert, der jedoch nie offiziell bestätigt wurde. Die durchschnittliche Schneemenge in Roccacaramanico liegt um drei Meter pro Jahr. Im Eiswinter 1929 wurde ein Höchstwert von zehn Metern verzeichnet.

Heute erwacht das in den 1960er-Jahren aufgegebene Dorf auf Initiative des Parco Nazionale della Majella und durch das ethnographische Museum sowie durch kleinere Unterkünfte und eine Trattoria zu neuem Leben.

Fun Fact: Nachdem die Menschen das Dorf nach und nach verlassen hatten, blieb in den 1980er-Jahren nur eine einzige Bewohnerin, Angiolina Del Papa, zurück, die ihren Ort viele Jahre „bewahrte“ und sich als Küsterin um die Kirche kümmerte.

SWITZERLAND
Viganella
Milan
Venice
SLOVENIA
HUNGARY
CROATIA
FRANCE
BOSNIA AND HERZEGOVINA
SERBIA
ITALY
MONTENEGRO
Kosovo
Rome
NORTH MACEDONIA
Naples
ALBANIA
GREECE
N
200 km

Viganella • Piemont, Italien

Ein Spiegel im Herzen der Westalpen, der das Sonnenlicht auf ein Dorf lenkt, das vom 11. November bis zum 2. Februar im Schatten liegt

Ein acht mal fünf Meter großer Spiegel aus rostfreiem Stahl auf einer Höhe von 1050 Metern, um die Sonnenstrahlen auf ein in einem Hochtal gelegenes Dorf zu lenken, das jedes Jahr zwischen dem 11. November und dem 2. Februar im Schatten liegt – man findet ihn in Viganella im Antronatal in der italienischen Region Piemont.

Wie der Name des Tals bereits verrät (it. *antro* = Höhle, Loch), handelt es sich um ein von beiden Seiten geschlossenes Tal, das mit seiner höhlenartigen Form und durch die Abwesenheit von Licht an die arktische Polarnacht oder zumindest die Nordlichter erinnert.

Das Dorf wurde im 14. Jahrhundert gegründet, als Köhler und Bergleute sich, angezogen von den Eisenvorkommen des Ossolatals, in diesem abgelegenen Winkel der Westalpen niederließen. Angesichts der Wahl des Standorts steht zu vermuten, dass die Sonne für die damaligen Bewohner nicht oberste Priorität hatte.

Das Dorf wuchs und überdauerte das gesamte Mittelalter. Mit Aufkommen der Elektrizität erlebte es einen Aufschwung. Zur „klimatischen" Wende kam es für Viganella 1999 als Bürgermeister Franco Midali den Gnomonisten und Architekten Giacomo Bonzani, seinerzeit mit der Anfertigung einer Sonnenuhr für die Pfarrkirche beschäftigt, darauf hinwies, dass diese im Winter aus augenscheinlichen Gründen nutzlos sei.

In diesem Moment entstand die verrückte Idee: „Warum bringen wir die Sonne nicht einfach künstlich ins Dorf?" Der Architekt und Visionär stürzte sich in die Arbeit. Am 17. Dezember 2006 erblickte sein Spiegelprojekt das Licht der Welt. Die 40 Quadratmeter große und elf Zentner schwere Anlage wurde mit dem Hubschrauber transportiert und auf den Berg hinter dem Dorf installiert.

Seitdem wirft die kleine „künstliche Sonne" im Winter zur großen Freude der 200 Einwohner sechs Stunden lang reflektiertes Sonnenlicht auf die Piazza von Viganella. Die Anlage ist computergesteuert und wird nach Sonnenuntergang je nach Einfallswinkel des Sonnenlichts neu ausgerichtet, um am nächsten Morgen geduldig ihre Arbeit wieder aufzunehmen und dem Winter an diesem Ort ein wenig von seiner Härte zu nehmen.

© Silvia Camporesi

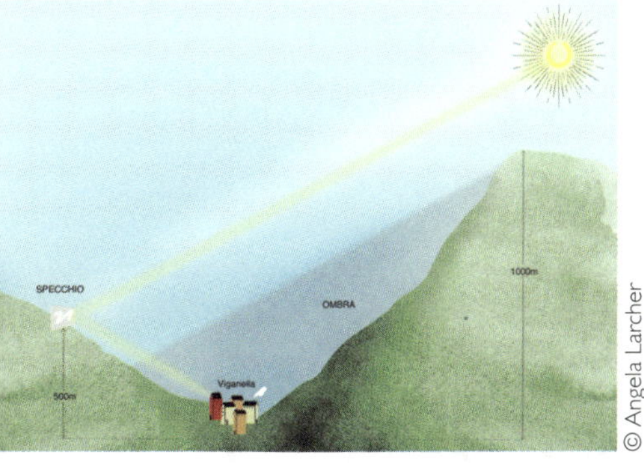

© Angela Larcher

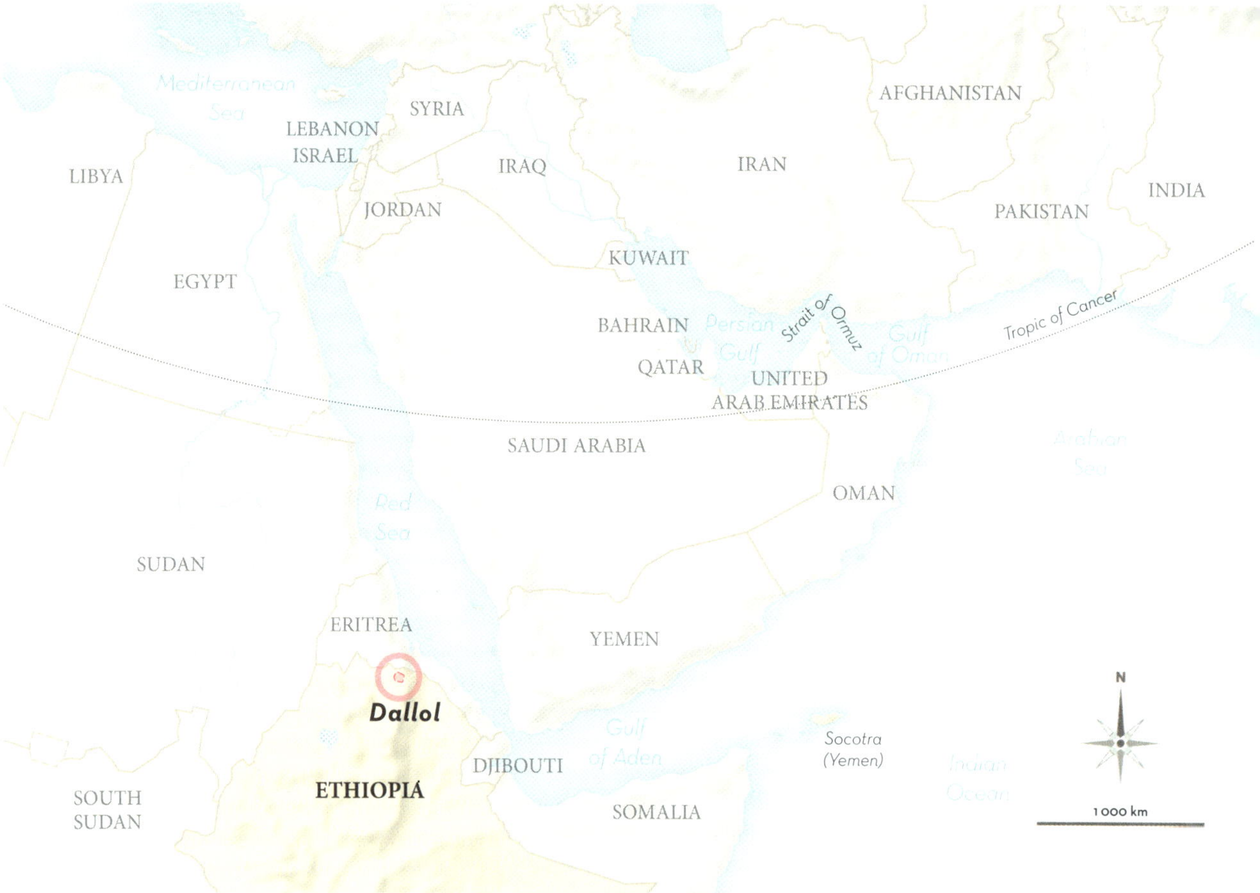

Mediterranean Sea
LIBYA
LEBANON
ISRAEL
SYRIA
JORDAN
IRAQ
IRAN
AFGHANISTAN
PAKISTAN
INDIA
EGYPT
KUWAIT
BAHRAIN
Persian Gulf
Strait of Ormuz
Gulf of Oman
Tropic of Cancer
QATAR
UNITED ARAB EMIRATES
SAUDI ARABIA
Arabian Sea
OMAN
Red Sea
SUDAN
ERITREA
YEMEN
Dallol
Gulf of Aden
Socotra (Yemen)
Indian Ocean
DJIBOUTI
SOUTH SUDAN
ETHIOPIA
SOMALIA
N
1 000 km

Dallol · Äthiopien

Die höchste Jahresmitteltemperatur der Welt

Die alte Bergbausiedlung Dallol, gelegen inmitten des Geflechts aus Vulkankratern der Danakil-Senke im Nordosten Äthiopiens, ist einer der wenigen Orte der Welt, an denen die Urkraft, welche die Erde tief in ihrem Inneren mit Energie speist, nach außen hin sichtbar ist.

Die jährliche Durchschnittstemperatur ist hier mit über 34 °C die höchste weltweit.

Die Höchsttemperaturen liegen ganzjährig zwischen 38 °C und 45 °C, die Tiefsttemperaturen zwischen 30 °C und 25 °C.

Regen gibt es praktisch keinen.

Ein extremes Klima, das Dallol in Verbindung mit den in dem Gebiet vorherrschenden geologischen Gegebenheiten zum „Eingang zur Hölle“ macht.

Wir befinden uns im Afar-Dreieck, einer weiten Tiefebene, die seit dem Rückzug des Roten Meeres vor rund 20.000 Jahren mit auskristallisiertem Salz bedeckt ist. Unter diesen Ablagerungen treffen am tiefsten Punkt Afrikas drei konstant auseinanderstrebende tektonische Platten aufeinander, die eine Magmakammer von riesigem Ausmaß bilden, aus der es durch den Erdmantel geradezu heraussprudelt.

Die nahe der Oberfläche fließende Lava stammt aus einem Labyrinth aus Geysiren und bildet ein Universum aus Kalium-, Natrium- und Magnesiumchlorid-Konkretionen und -Kristallen aus. Die phreatischen Explosionen des Hauptvulkans, dem Erta Ale, führten zur Entstehung einer Landschaft aus Felsnadeln, die hoch aus den über den sauren Seen stagnierenden Gasen aufragen.

Das Salz der Senke lässt in der Mischung mit Schwefel kristalline Formationen in psychedelischen Farben entstehen.

In der lokalen Afar-Sprache bedeutet *dallol* „Auflösung“, eine Anspielung auf die sauren Becken, die sich für Tier und Mensch nicht selten als tödliche Fallen erweisen. Die Verbindung aus der vom Boden abstrahlenden Hitze und heißer Luft bringt die Ebene um die Krater herum zum Glühen.

In dieser feurigen Blase verschwimmen die Verwerfungen aus Schlamm und Geäst wie Trugbilder vor den Augen. Eine unwirtliche Umgebung in der allein das Nomadenvolk der Afar zu überleben in der Lage ist.

Ihren Lebensunterhalt verdienen die Afar mit dem Abbau und Transport (in Kamelkarawanen) von Salz, der einzig möglichen Geschäftsgrundlage und Unterhaltsquelle an diesem Ort. Vereinzelt finden sich in der Mondlandschaft von Dallol Spuren der Minentätigkeit des letzten Jahrhunderts, als die italienische Gesellschaft Comina aus der Unternehmensgruppe Montecatini hier Kaliumchlorid abbaute, das vor allem im Ersten Weltkrieg bei der Herstellung von Sprengstoff zum Einsatz kam.

Der besondere Reiz und die erstaunlichen Farben dieses heißesten Ortes der Welt haben in jüngerer Zeit einen gewissen Tourismus aufleben lassen, sodass einem an den Hängen des Erta Ale nicht selten eine Handvoll unerschrockener Wanderer begegnet. Wer es ihnen gleichtun möchte, muss sich an spezialisierte Reiseagenturen wenden. Zudem ist die Begleitung eines Afar-Guides und, aufgrund der politischen Instabilität der Region, eines bewaffneten Polizisten vorgeschrieben.

Lybian Desert
EGYPT
Lake Nasser
Red Sea
Wadi Halfa
Nubian Desert
Port Sudan
Dongola
Nile
Merowe
SUDAN
ERYTHREA
N
Khartoum
500 km

Khartum • Sudan

Habub: der Sandsturm, der Khartum verschluckte

Was wirkt, wie eine apokalyptische Szene aus einem Science-Fiction-Film, ist ein Naturschauspiel, das in vielen Gebieten der Sahara-Region, des Mittleren Ostens, Zentralasiens und auch in Texas fast schon zum Alltag gehört: ein gigantischer Sandsturm in Form einer hunderte von Metern hohen und bis zu 100 Kilometer breiten Sandmauer, die aus heftigen Gewittern entsteht und sich mit einer Durchschnittsgeschwindigkeit von 60 km/h über weite Strecken ausbreitet.

Eines der am stärksten von diesem atmosphärischen Phänomen betroffenen Länder ist der Sudan und insbesondere dessen Hauptstadt Khartum, wo der *habub*, wie das Ereignis genannt wird (von ar. *habb* = Wind), bis zu 24 Mal im Jahr „zuschlägt". Die Entstehung folgt dabei einem präzisen Schema.

Im Sommerhalbjahr von April bis Oktober verlagert sich die Innertropische Konvergenzzone (ITCZ) häufig nach Norden, während östliche Passatwinde aus dem Hochland von Abessinien in Richtung Sudan wehen. Über den Bergen von Eritrea und Äthiopien bilden sich dadurch Gewitterzonen, die von den in der Höhe herrschenden Passatwinden nach Westen verlagert werden, ihre Feuchtigkeit verlieren und starke Nordostströmungen aus der nördlich von Khartum gelegenen Bayuda-Wüste anziehen. Die durch diesen Mechanismus erzeugten Turbulenzen äußern sich in einem Wind, der Unmengen von Sandkörnern aufwirbelt. Die größeren verbleiben in Bodennähe, die kleineren gelangen in die Atmosphäre. Bisweilen bilden diese Winde eine wahre Sandmauer und verleihen dem Himmel seine berühmte rote Färbung. Von einem *habub* spricht man, wenn die Sichtweite unter 500 Meter fällt. Im Zentrum des Sturms reicht die Sicht dann allerdings kaum noch ein paar Meter weit, das Atmen fällt schwer.

Durch Satellitenbeobachtungen und meteorologische Modelle können Habubs relativ sicher vorhergesagt werden, sodass die Menschen meist rechtzeitig gewarnt und Flughäfen, Straßen und Schulen vorsorglich geschlossen werden können. Wer sich im Freien aufhält, muss rund 20 Minuten lang – am besten mit einem feuchten Tuch vor Mund und Nase – durchhalten, denn so lange dauert es in etwa, bis die Sandmauer durchgezogen ist. Für den begleitenden Sturm kann nicht so schnell Entwarnung gegeben werden. Er kann bis zu drei Stunden andauern.

Mediterranean Sea
SYRIA
AFGHANISTAN
LEBANON
ISRAEL
LIBYA
IRAQ
IRAN
INDIA
JORDAN
PAKISTAN
KUWAIT
Kuwait City
EGYPT
BAHRAIN
Persian Gulf
Strait of Ormuz
Gulf of Oman
Tropic of Cancer
QATAR
UNITED ARAB EMIRATES
SAUDI ARABIA
Arabian Sea
OMAN
Red Sea
SUDAN
ERITREA
YEMEN
N
Gulf of Aden
Socotra (Yemen)
DJIBOUTI
Indian Ocean
SOUTH SUDAN
ETHIOPIA
SOMALIA
1 000 km

Kuwait-Stadt • Kuwait

Globaler Hitzerekord für einen bewohnten Ort

Am 31. Juli 2012 zeichnete die Wetterstation in Kuwait-Stadt die Höchsttemperatur von 52,1 °C auf. Rekord für die Hauptstadt des gleichnamigen Emirats. Doch der Staat am Persischen Golf ist zwischen Juni und August an derart unmenschliche Temperaturen gewöhnt.

Schließlich hält Kuwait mit 54 °C, gemessen am 21. Juli 2016 in Mitribah, auch den globalen Hitzerekord für einen bewohnten Ort. (Den generellen Weltrekord hält das unbewohnte Furnace Creek im kalifornischen Death Valley mit 56,7 °C.)

In Kuwait haben die Menschen ihre eigene Form des Umgangs mit der sommerlichen Hitze gefunden: Sie meiden sie. In den drückenden Sommermonaten, in denen die Temperaturen selten unter 30 °C sinken, flüchten sich die meisten Einheimischen in Büros und andere klimatisierte Gebäude und verlassen diese nur für den Weg mit dem klimatisierten Auto in ebenfalls klimatisierte Einkaufszentren. In einer Stadt, in der es praktisch keine schattigen Orte im Freien gibt, ist das Einkaufszentrum der öffentliche Ort, an dem man sich nach Feierabend zum geselligen Beisammensein trifft.

Kuwait-Stadt ist sehr modern und, dem Erdöl sei Dank, extrem reich, sodass viele es sich leisten können, die Hitze zu meiden. Viele, aber nicht alle. Ein Teil der Bevölkerung, meist Arbeitsmigranten aus Südostasien, sind ihr gezwungenermaßen ausgesetzt – und riskieren oder verlieren dabei ihr Leben.

Mit ihrer Architektur trägt die Stadt dazu bei, die irrsinnigen Sommertemperaturen weiter zu verschärfen: Zement und Asphalt lassen die Temperaturen am Nachmittag, wenn diese undurchlässigen Flächen die am Vormittag aufgenommene Hitze absorbieren, in unermessliche Höhen steigen. Einer unter Leitung des einheimischen Architekten Sharifa Alshalfan durchgeführten Studie der London School of Economics zufolge, wurde Kuwait in den 1950er-Jahren von Firmen aus dem Ausland geplant, die weder Erfahrung mit dem örtlichen Klima hatten, noch die damit verbundenen Auswirkungen in ihrer Planung berücksichtigten. Der Stadt fehlt es hinten und vorne an Grünflächen, und die Stadtplanung hat es angesichts einer kulturellen Eigenheit der Einwohner doppelt schwer. Denn in der Mentalität der Kuwaitis existiert kein Draußen. Gärten oder Innenhöfe gelten als Platzverschwendung. Dazu muss jeder Weg, jeder Einkauf, mit dem Auto getätigt werden, da die einzelnen Stadtteile durch Autobahnen voneinander getrennt sind.

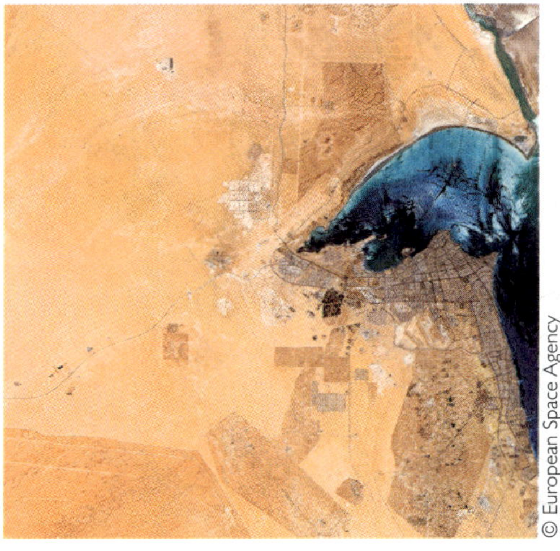

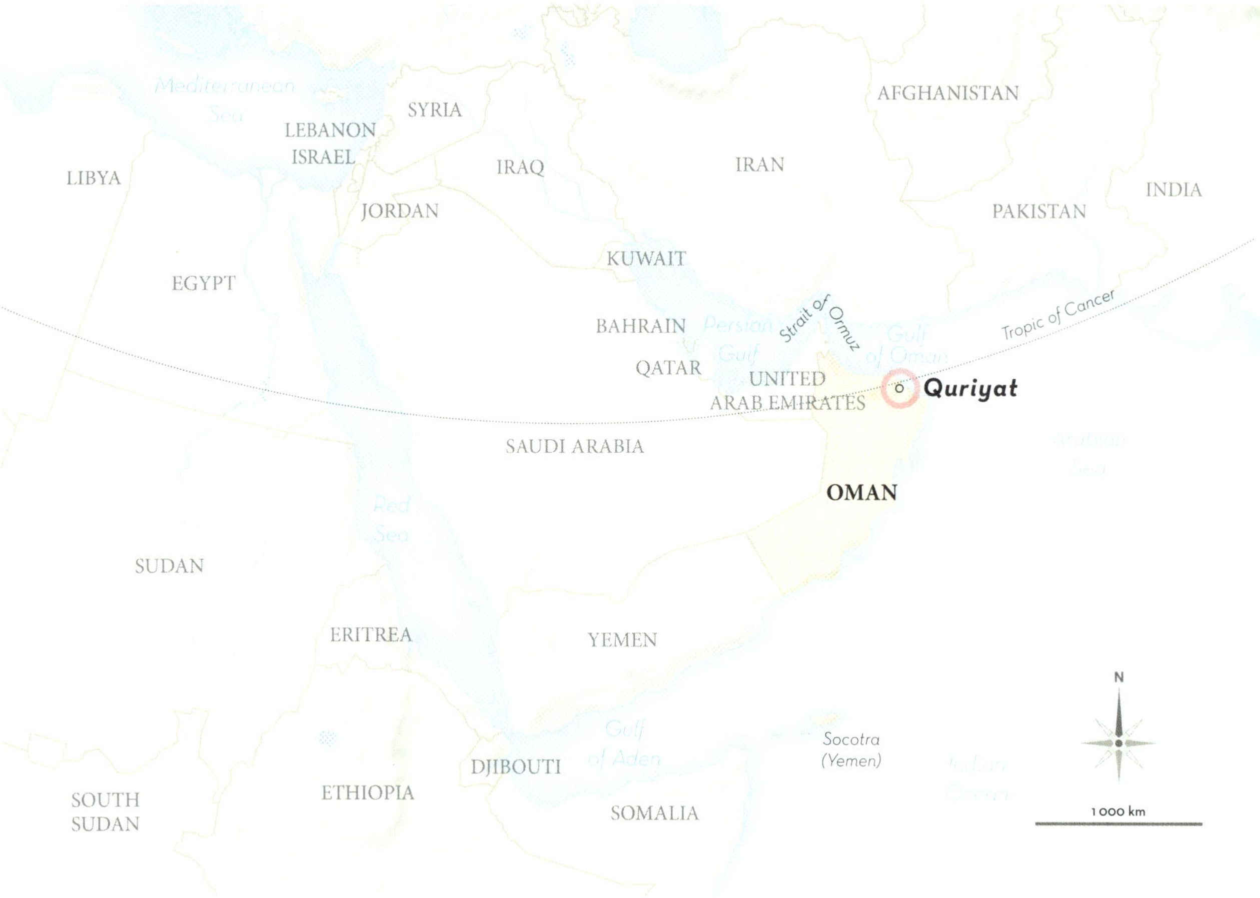

Mediterranean Sea
LEBANON
ISRAEL
SYRIA
AFGHANISTAN
LIBYA
IRAQ
IRAN
INDIA
JORDAN
PAKISTAN
KUWAIT
EGYPT
BAHRAIN
Persian Gulf
Strait of Ormuz
Gulf of Oman
Tropic of Cancer
QATAR
UNITED ARAB EMIRATES
Quriyat
SAUDI ARABIA
OMAN
Red Sea
SUDAN
ERITREA
YEMEN
N
Gulf of Aden
Socotra (Yemen)
DJIBOUTI
SOUTH SUDAN
ETHIOPIA
SOMALIA
1 000 km

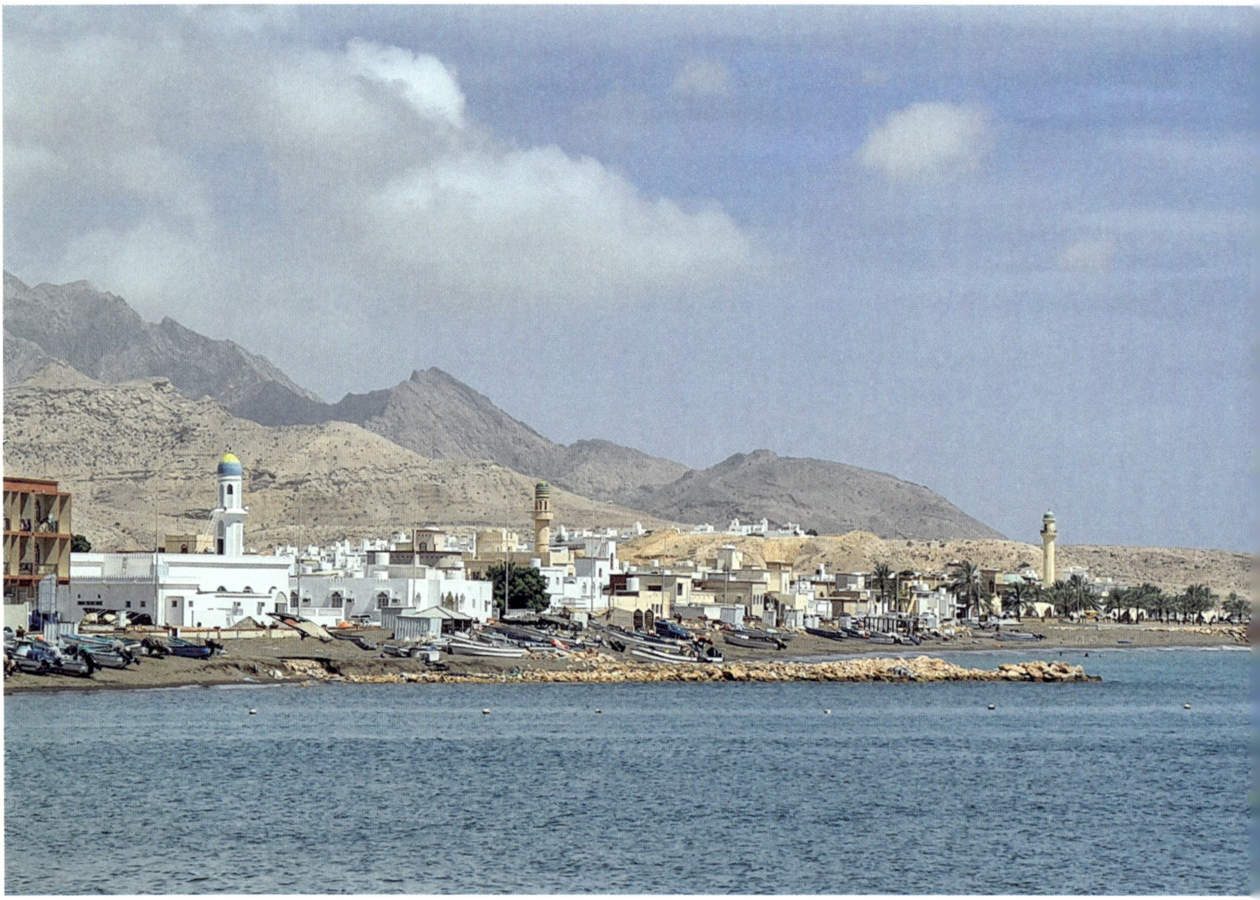

Qurayyat • Oman

Die heißeste je gemessene Nachttemperatur: 42,6 °C im Jahr 2018

Wenn von Temperaturrekorden die Rede ist, denkt man gleich an Höchst- oder Tiefstwerte, die an einem Ort tagsüber beziehungsweise mitten in der Nacht oder im Morgengrauen gemessen wurden. Haben Sie aber schon einmal an die höchste je registrierte Nachttemperatur gedacht?

Mit anderen Worten: Wie hoch ist die höchste Tiefsttemperatur, die von einer Wetterstation je im Zeitraum zwischen Mitternacht eines Tages und Mitternacht des Folgetages gemessen wurde? Die Antwort auf diese Frage finden wir in der kleinen Küstenstadt Qurayyat im Sultanat Oman, wo das Quecksilber in der Nacht vom 26. Juni 2018 nicht unter 42,6 °C fiel.

Eine infernale Meldung aus der Welt der Meteorologie, die den mehr als 60.000 Bewohnern der Stadt oder zumindest jenen, die keine Klimaanlage besitzen, in Erinnerung bleiben wird. Nach Höchstwerten von 49,8 °C am 25. Juni begannen die Temperaturen am Abend zu sinken, jedoch nicht so wie gewohnt. Tagsüber hatte ein Hochdruckgebiet über der arabischen Halbinsel Heißluft aus dem Landesinneren in Richtung Meer gepumpt. Die Menschen rechneten mit einer zumindest geringfügigen Abkühlung, doch in diesen wenigen Tagen verharrte die Wassertemperatur im Golf von Oman bei 32 °C und schwängerte die Luft entlang der gesamte Küste südlich der Hauptstadt Maskat und damit auch in Qurayyat mit einer extrem hohen Luftfeuchtigkeit.

Der leichte Landwind, der für gewöhnlich entsteht, wenn die Temperatur des Bodens unter der des Wassers liegt, kam nicht zustande. Die Feuchtigkeitsblase, die sich wie ein unsichtbares Tuch aus winzigen Dampfpartikeln über das Meer gelegt hatte, hinderte die tagsüber aufgestaute Hitze daran, sich zu zerstreuen. Als diese atmosphärische Konstellation an Kraft verlor, offenbarten die Daten der örtlichen Wetterstation, dass die Temperatur mehr als 51 Stunden in Folge, von sechs Uhr morgens am 25. Juni bis neun Uhr morgens am 27. Juni, über 41,9 °C verharrt hatte.

Eine beeindruckende Messung, selbst für einen Ort, an dem ähnliche Szenarien auf der Tagesordnung stehen. Im Sommer ist das Klima an der Küste des Oman infolge des Zusammenwirkens von Feuchtigkeit vom Indischen Ozean und Hitze aus den Wüsten im Landesinneren extrem heiß und drückend. Wer die nette kleine Fischerstadt Qurayyat besuchen möchte, sollte dabei also unbedingt bedenken, dass die durchschnittlichen Höchst- und Tiefsttemperaturen dort zwischen Juni und August bei 40 °C beziehungsweise 30 °C liegen und im Hinterhalt stets höllisch heiße Nächte lauern.

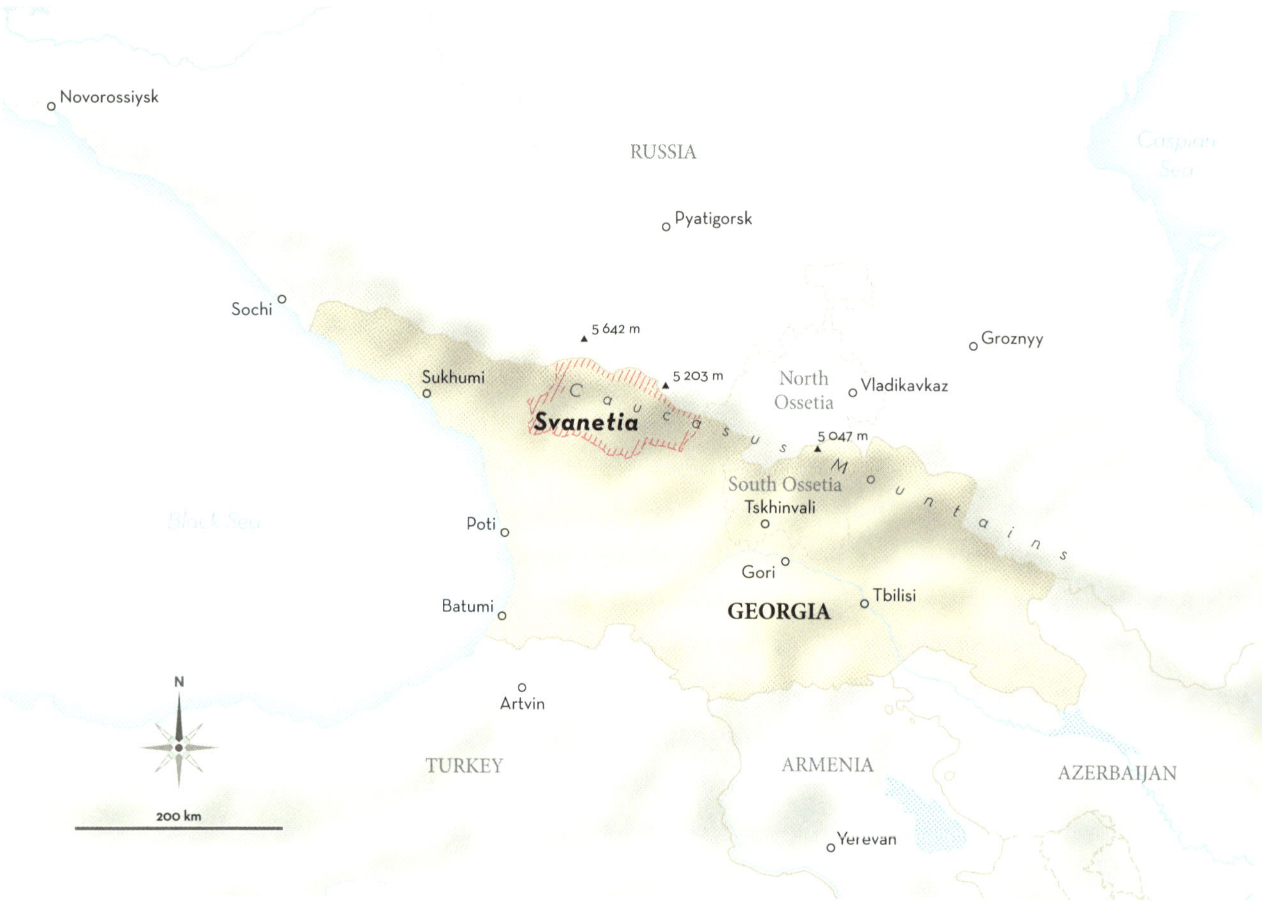

Novorossiysk
RUSSIA
Caspian Sea
Pyatigorsk
Sochi
5 642 m
Groznyy
Sukhumi
5 203 m
North Ossetia
Vladikavkaz
Svanetia
Caucasus Mountains
5 047 m
South Ossetia
Tskhinvali
Black Sea
Poti
Gori
Tbilisi
Batumi
GEORGIA
N
Artvin
TURKEY
ARMENIA
AZERBAIJAN
200 km
Yerevan

Swanetien · Georgien

Der Ort, an dem zwischen dem 9. und 31. Januar 1987 sage und schreibe 330 Lawinen registriert wurden

Swanetien in Georgien ist eine Region von unbeschreiblich wilder Schönheit, durchzogen von mittelalterlichen Dörfern und umgeben von atemberaubenden schneebedeckten Gipfeln. Die Region liegt im südlichen Teil des Großen Kaukasus am Fuße des Schchara, des mit 5193 Metern höchsten Berges von Georgien. Berüchtigt ist die Region im Winter für ihre starken Schneefälle, die durch das Zusammenwirken feuchter Luft vom angrenzenden Schwarzen Meer und kalten Bergtemperaturen entstehen.

Weht der Wind von Westen nach Südwesten und nimmt dabei über dem Meer Feuchtigkeit auf, wirken die südlichen Ausläufer des Großen Kaukasus wie eine natürliche Barriere für die ankommenden Wolken. Als Folge davon kommt es in der Gegend um Mestia zum Teil zu wochenlangen Schneefällen.

Im Winter 1986/87 ereignete sich in der Region ein noch nie dagewesenes Naturschauspiel, als es 46 Tage am Stück fast durchgehend schneite. Oberhalb von 2500 Metern wurden Schneehöhen von 16 Metern erreicht, eine Menge, die von den steilen und nackten Hängen (die Waldgrenze liegt bei rund 1800 Metern) unmöglich zu halten war. Zwischen dem 9. und 31. Januar 1987 wurden nicht weniger als 330 Lawinenabgänge registriert. Bergdörfer wie Chuberi, Ushguli, Mulakhi, Kala und Khaishi waren am schwersten betroffen. 105 Menschen starben und mehr als 2000 Häuser wurden beschädigt. Die Ruinen, die diese tödliche Katastrophe hinterließ, sind bis heute zu sehen. Abgesehen von diesem tragischen Ereignis sind Lawinen in Swanetien nicht ungewöhnlich. In den lokalen Traditionen ist ihnen sogar ein Ritual gewidmet, wie die Dorfältesten von Ushguli bezeugen: „Bei einem Lawinenabgang gingen wir in einen tiefergelegenen Wald und opferten dort ein Lamm, um den Berg zu besänftigen." Der 200-Seelen-Ort Ushguli auf einer Höhe von 2200 Metern gilt als höchster dauerhaft bewohnter Ort Europas. Im Winter ist die Straße, die zu dem Dorf hinaufführt, drei bis vier Monate lang unpassierbar und das Dorf vom Rest des Landes abgeschnitten.

Für die Bewohner ist es überlebenswichtig, über den Sommer ausreichend Wintervorräte anzulegen. Jede Familie erntet Kartoffeln und Gemüse, macht Heu für das Vieh und legt sich einen Vorrat an Mehl, Medikamenten, Wolle, Konserven, Hygieneartikeln und Alkohol an.

Bei den Menschen hat sich eine tief verwurzelte Ohnmacht gegenüber den Klimaereignissen breitgemacht, eine Mischung aus Akzeptanz, Resignation und Widerstand, die den Charakter formt. So sehr, dass sie ihre Heimat selbst nach der Tragödie von 1987 nicht verließen und es ihnen gelang, sich von dieser schweren Prüfung zu erholen. Aufgrund seiner rund 20 steinernen Wehrtürme (den sogenannten *koshkebi*) ist Ushguli seit 1996 Teil des UNESCO-Welterbes, was dem Dorf ein gewisses touristisches Interesse eingebracht und neue wirtschaftliche Perspektiven eröffnet hat.

Aral Sea

Lake Balkhash

KAZAKHSTAN

Syr Darya

Almaty

Bishkek

Ysyk-Köl

Shymkent

Amu Darya

UZBEKISTAN

Tashkent

KYRGYZSTAN

Aydar Kul

Bukhara

Samarkand

Kashgar

TAJIKISTAN

Dushanbe

TURKMENISTAN

CHINA

Mary

Bactria

Pamir

Panj

Pamir

Aralsee · Usbekistan/Kasachstan

Das Verschwinden des viertgrößten Sees der Welt und giftiger Salzregen

Der Einfluss des Menschen auf seine Umwelt bringt bisweilen unglaubliche, oft verheerende atmosphärische Phänomene mit sich. So geschehen in der Region um den Aralsee zwischen Kasachstan und Usbekistan, die seit einigen Jahren unter mit Pestiziden vermischtem Salzregen und Sandstürmen leidet.

Satellitenaufnahmen bestätigen dies. Mitte des vergangenen Jahrhunderts war der Aralsee noch der viertgrößte See der Welt. Heute misst er nicht einmal mehr ein Zehntel seiner ursprünglichen Größe, sein Volumen ist um 95 Prozent geschrumpft.

Die Hauptursache für dieses Verschwinden ist in der massiven Wasserentnahme durch die Sowjetunion ab den 1960er-Jahren zu suchen, als die Regierung der UdSSR beschloss, die Baumwollproduktion des Landes zu steigern.

Das Gebiet um den Aralsee mit seinen zwei großen Zuflüssen Syrdarja und Amudarja wurde als ideal für den Anbau des „weißen Goldes“ ausgemacht. Bereits damals wussten alle, dass die Entscheidung, Wasser aus dem See zu entnehmen, zu einer starken Verringerung seines Volumens führen würde. Man setzte aber darauf, dass er sich in einen Sumpf verwandeln und durch den dann möglichen Reisanbau zu einer zusätzlichen Einnahmequelle werden würde.

Doch wie so oft lief nicht alles ganz wie geplant, und das Versorgungssystem hatte die Fragilität des Gebietes außer Acht gelassen: Unmengen Wasser wurden verschwendet, und die ohne vorherige Planung gebauten Kanäle ließen den Zufluss aus den beiden Flüssen zurückgehen. Um Platz für Anbauflächen zu schaffen, setzten die beteiligten Agrarverbände im großen Stil Unkrautvernichtungsmittel ein, die entlang der Flüsse in die Wüste gelangten oder in alle vier Winde zerstreut wurden.

Im Ergebnis hatte der seiner natürlichen Zuflüsse beraubte See bereits 1987 einen Großteil seines Volumens eingebüßt. Im Norden und Süden entstanden zwei getrennte Becken, einige Jahre später zwei weitere im Osten und Westen. Die Verringerung der Fläche des Sees legte weite, mit Salz und giftigen Chemikalien bedeckte Ebenen frei, mit Rückständen von Waffentests (der See wurde einst als militärisches Testgelände genutzt), von Industrieanlagen und der Auswaschung von Pestiziden und Düngemitteln.

Eine neue Wüste war geboren, die von den Einheimischen auf den Namen Akkum („Weißer Sand") getauft wurde. Erste Maßnahmen, um die Desertifikation zu stoppen, wurden Anfang der 2000er-Jahre auf Initiative der kasachischen Regierung mit Hilfe der Weltbank getroffen. Durch den Bau eines Staudamms stieg der Wasserspiegel des am weitesten im Norden gelegenen Kleinen Aralsees, sodass dort heute wieder Fischerei möglich ist. In weiten Teilen der Trockengebiete wurden robuste zentralasiatische Saxaul-Bäume gepflanzt, um den Sand im Boden zu halten und die Erosionsgefahr zu verringern. Doch das Ausmaß der Verschmutzung ist so immens, dass es bis zum Erreichen besserer Umweltbedingungen noch ein langer, komplizierter Weg ist. Bis dahin leidet die Region weiterhin unter extremen atmosphärischen Phänomenen. Vermischt sich der konstante Ost-/Südostwind mit der feuchteren Luft vom Kaspischen Meer, entstehen Wolken, die Niederschläge mit sich führen, einen giftigen Salzregen, der für den Pflanzenanbau schädlich und für die Gesundheit der in dem Gebiet lebenden Menschen gefährlich ist.

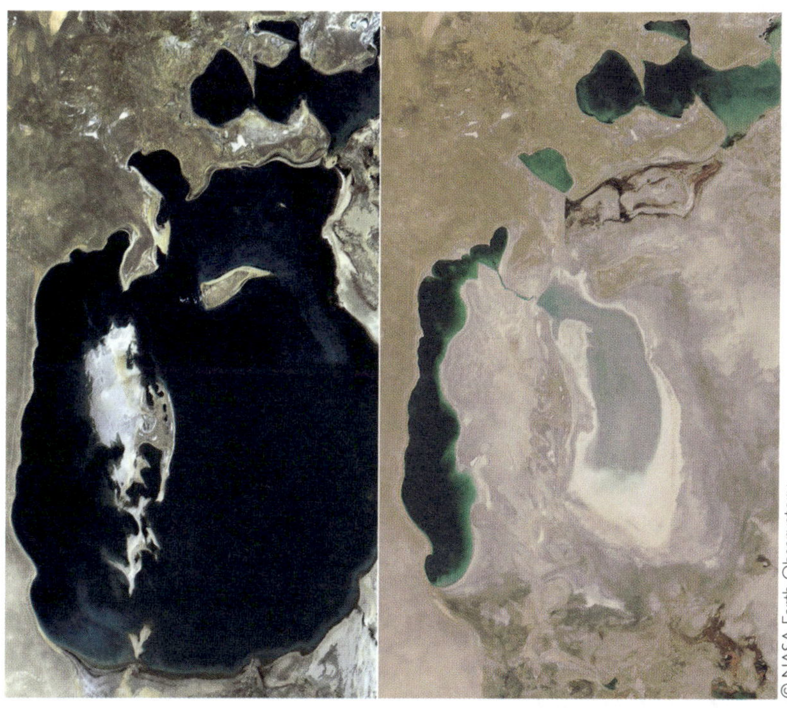

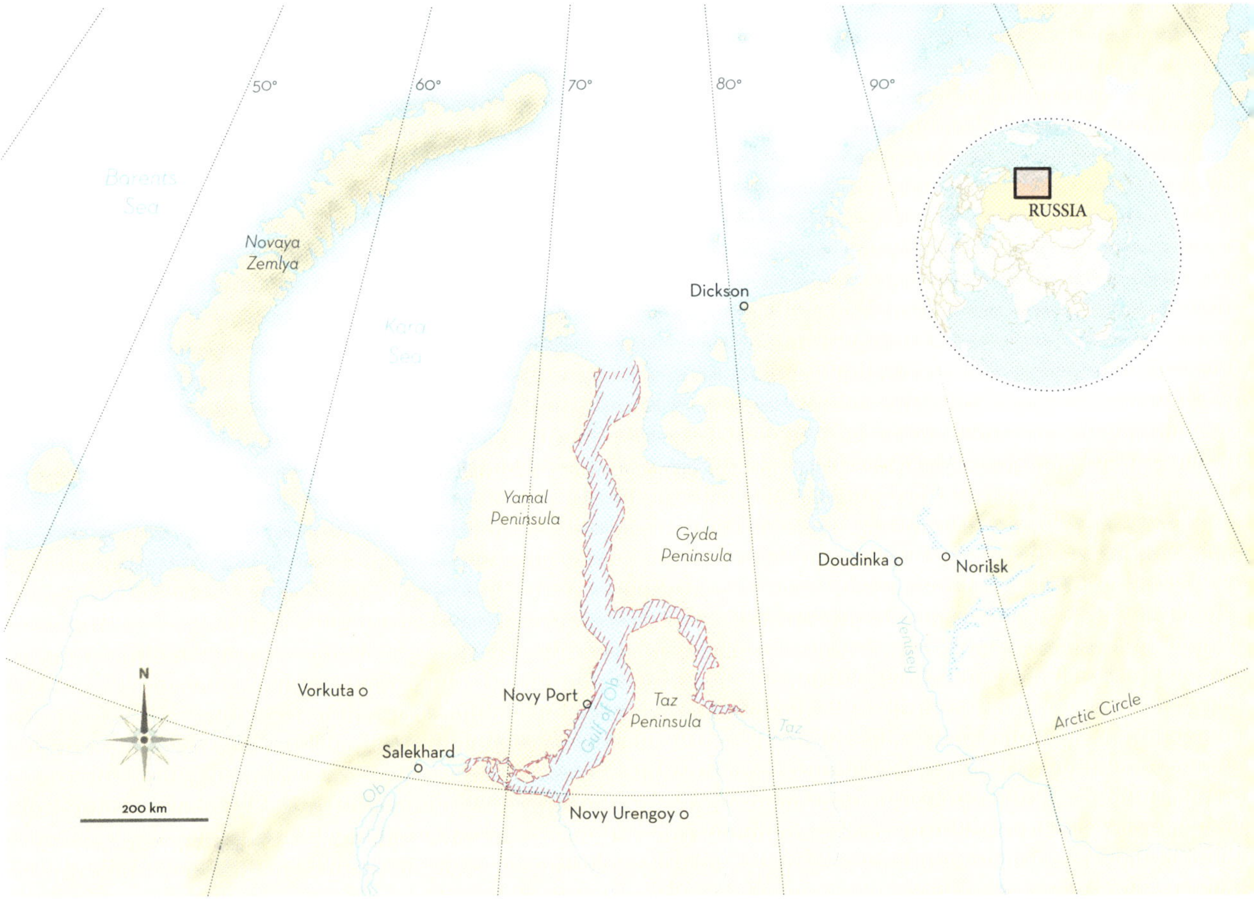

50°
60°
70°
80°
90°
Barents Sea
Novaya Zemlya
Kara Sea
Dickson
RUSSIA
Yamal Peninsula
Gyda Peninsula
Doudinka
Norilsk
Yenisey
N
Vorkuta
Novy Port
Gulf of Ob
Taz Peninsula
Taz
Arctic Circle
Salekhard
Ob
200 km
Novy Urengoy

© NASA Earth Observatory

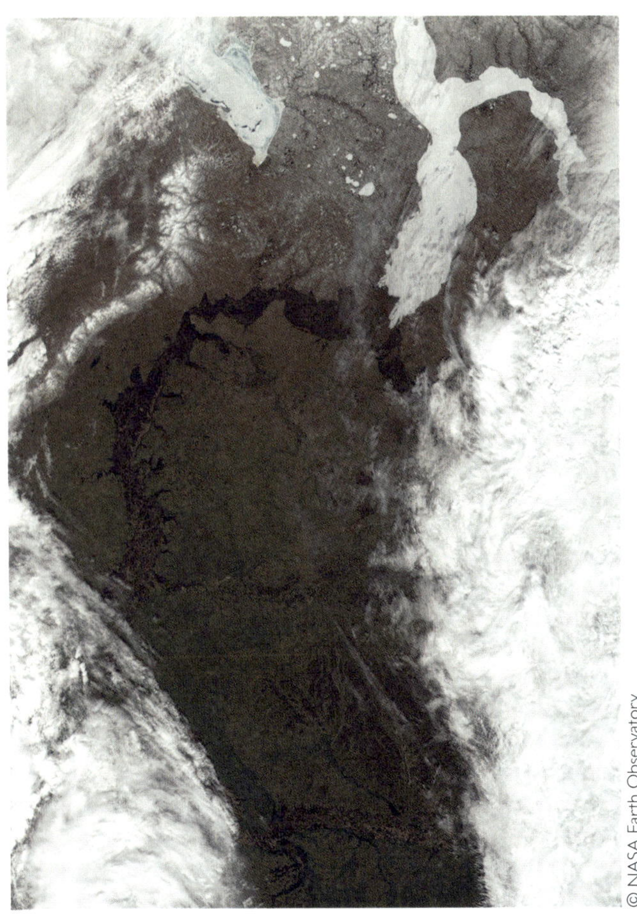

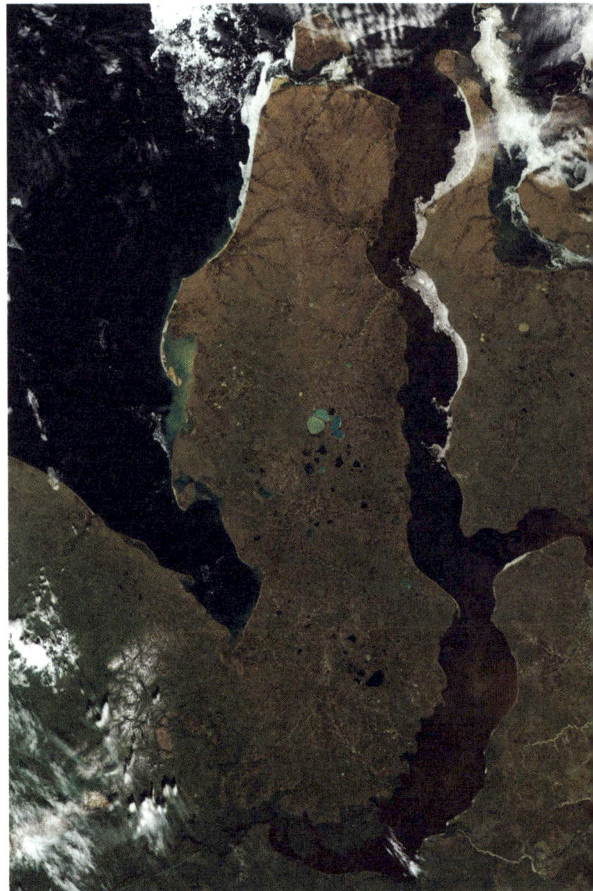

Golf von Ob • Sibirien, Russland

Wenn das Wetter zum Künstler wird

Anfang November 2016 beobachten die Bewohner von Nyda im Nordwesten Sibiriens auf Höhe des nördlichen Polarkreises ein außergewöhnliches Schauspiel. Der Strandabschnitt nahe des Städtchens am Ufer des Golfs von Ob ist mit einem Teppich aus perfekt rund geformten Eis- und Schneebällen bedeckt.
Die Bilder gehen um die Welt und lassen die gewohnten Rufe nach mysteriösen und übernatürlichen Phänomenen laut werden.
Schon bald äußern sich jedoch Meteorologen mit einer wissenschaftlichen Erklärung für das seltene Phänomen, wonach dieses auf das schnelle Aufeinanderfolgen besonderer Wetterbedingungen zurückzuführen sei.
In den letzten Oktobertagen 2016 beginnt der Golf von Ob, eine große Bucht, in welcher der gleichnamige Fluss mündet, aufgrund einer intensiven Kältewelle zuzufrieren. Gleichzeitig fallen große Mengen Schnee. Es dauert eine Weile, bis das Wasser gefriert, sodass es am östlichen Ende des Golfs zu einem Wechselspiel mit den Gezeiten kommt. Wenn sich das Wasser bei Ebbe zurückzieht, bilden sich Krusten aus Eis, Schnee und Sand. Gleichzeitig trifft ein Sturm auf das Gebiet, der Eisstücke über den Strand weht und diese mit dem Sand zu immer größeren Kugeln formt. Die Flut bringt neues Wasser und Eis mit sich, und der Prozess setzt sich fort in einem Wechsel, an dessen Ende dieser sibirische Strand mit unterschiedlich großen Kugeln übersät ist, manche in der Größe eines Golfballs, andere wie Fußbälle oder sogar noch größer.
Abschließend legt sich leichter Schneefall über die Gebilde, was das Ergebnis noch bizarrer aussehen lässt. Ein weiterer Faktor, der dieses besondere Phänomen begünstigt, ist die geografische Gestaltung des Gebiets: die lange Bucht in der Karasee weist eine durchschnittliche Tiefe von nur zehn bis zwölf Metern auf und friert schnell zu. Der für das Entstehen der Schneebälle wesentliche feine, kompakte Sand rührt von Sedimenten her, die vom Ob, einem der größten Flusssysteme der Welt, mitgeführt werden.

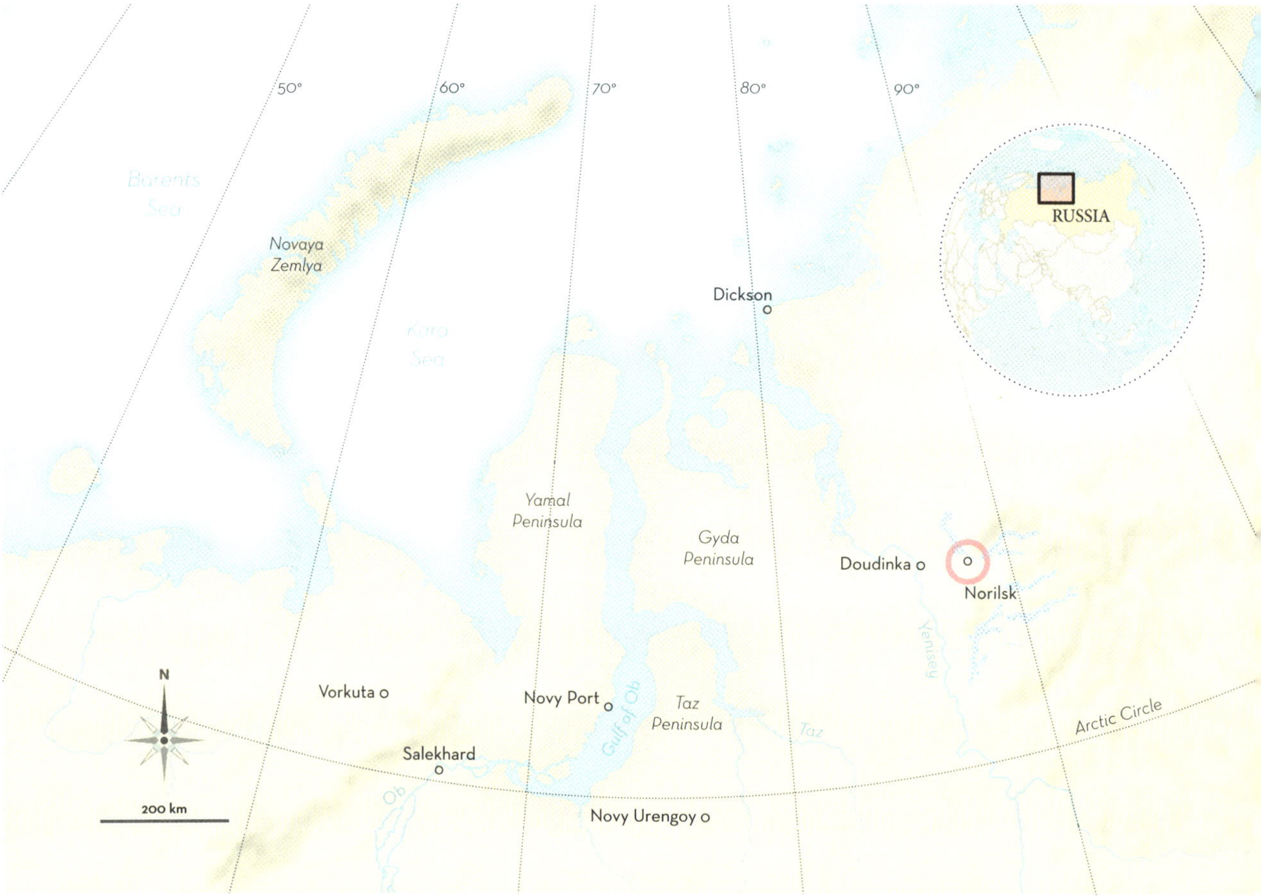
50°
60°
70°
80°
90°
Barents Sea
Novaya Zemlya
Kara Sea
Dickson
RUSSIA
Yamal Peninsula
Gyda Peninsula
Doudinka
Norilsk
Yenisey
N
Vorkuta
Novy Port
Gulf of Ob
Taz Peninsula
Taz
Arctic Circle
Salekhard
Ob
200 km
Novy Urengoy

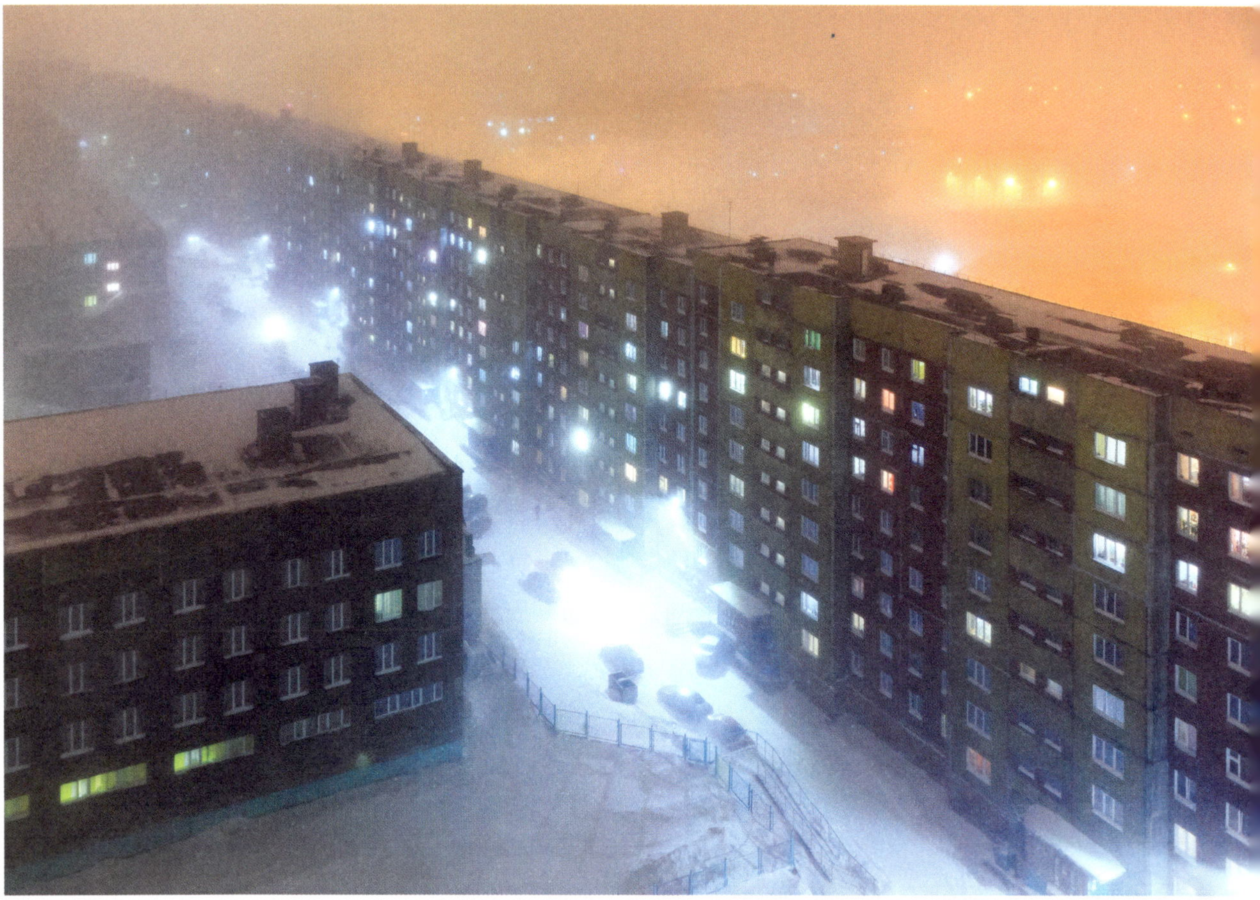

Norilsk • Sibirien, Russland

Extreme Kälte und Umweltverschmutzung.
Die Kombination aus Frost und starker Verschmutzung durch die Nickelindustrie macht Norilsk zu einem der unwirtlichsten Orte der Welt, an dem dennoch 170.000 Menschen leben

Die sibirische Stadt Norilsk ist die bevölkerungsreichste Stadt nördlich des nördlichen Polarkreises. Die meisten der 170.000 Einwohner sind in der Metallindustrie beschäftigt. Unter der Stadt liegen die größten Nickel- und Palladiumvorkommen des Planeten.

Deshalb sowie aufgrund der besonders einfachen Abschottung des Ortes, wurde hier zu Zeiten Stalins ein Arbeitslager errichtet.

In den 1960er-Jahren, nach Schließung des Gulag, gestalteten Architekten die nach sowjetisch-sozialistischem Denken mit Blick auf Arbeit und Gesellschaft „ideale Stadt". Die Minen und anderen Anlagen der Untertageförderung wurden erweitert und machten Norilsk zum bedeutendsten Abbaukomplex für Schwermetalle weltweit.

Bei der Anordnung der Gebäude wurde darauf geachtet, dem extremen Wind, der in der Region im Winter herrscht, möglichst viel seiner Schärfe zu nehmen. Grünanlagen waren in der Planung nicht vorgesehen. Das Stadtbild ist geprägt von Straßen und schmalen Gehwegen. Im Jahresverlauf sind an rund 130 Tagen Schneestürme zu verzeichnen. Der Winter ist extrem: Die Temperaturen schwanken zwischen –10 °C maximal und –55 °C minimal. Zwei Monate lang wird die Stadt von der Polarnacht verschluckt.

Mehr noch als das Klima macht allerdings die Umweltverschmutzung das Leben in Norilsk zu einer Herausforderung. Knapp vier Millionen Tonnen Kupfer, Blei, Cadmium, Nickel, Arsen, Schwefel und andere giftige Chemikalien werden Jahr für Jahr in die Luft ausgestoßen.

Der Schnee, der den Boden neun von zwölf Monaten über bedeckt, färbt sich aufgrund sauren Regens bisweilen rot oder gelb.

Im Umkreis von 30 Kilometern gedeiht keinerlei Vegetation, und die wenigen landwirtschaftlichen Erzeugnisse, die die Erde in dem kurzen Sommer hervorbringt, weisen hohe Belastungswerte auf. Die Lebenserwartung liegt zehn Jahre unter dem russischen Durchschnitt. Das Krebsrisiko ist doppelt so hoch wie normal, Atemwegserkrankungen stehen auf der Tagesordnung.

Was bewegt einen dazu, unter diesen Bedingungen in Norilsk zu leben? Zu Sowjetzeiten schuf die Regierung für Arbeiter Anreize für den Umzug in bestimmte Gebiete. Im Gegenzug wurden Gehälter geboten, die bis zu viermal über denen anderer Regionen des Landes lagen, und nach 15 bis 20 Dienstjahren wurde eine eigene Wohnung in Aussicht gestellt.

Heute profitieren die Familien, die sich darauf eingelassen haben, von den Vorteilen eines autarken Systems.

Die Arbeit ist sicher und die Gehälter, wenngleich nicht mehr ganz so üppig, reichen aus, um den Lebensunterhalt zu decken. Geld, das verdient wird, kann ausschließlich in Norilsk wieder ausgegeben werden, in einem geschlossenen Kreislauf, der sich unendlich wiederholt.

Alle Einkünfte der Bewohner landen letztlich in den Kassen der Bergbauindustrie, die alle Fäden der Norilsker Wirtschaft in den Händen hält. Norilsk Nickel, das größte Bergbauunternehmen der Stadt, hat sich verpflichtet, seine Werke aus der Stadt auszulagern und seine Schadstoffemissionen zu kontrollieren. Vielleicht ist das für viele Familien das kleine Fünkchen Hoffnung, das sie dazu bewegt, an einem der am stärksten verschmutzten Orte des Planeten, an dem eisiger Wind und klirrender Frost zur Nebensache werden, Kinder zur Welt zu bringen.

Norilsk liegt viereinviertel Flugstunden von Moskau entfernt. Ausländische Touristen verschlägt es jedoch nur selten in die Stadt (nach Angaben der lokalen Entwicklungsagentur rund 200 jedes Jahr).

Für die Einreise ist neben einem Visum eine Sondergenehmigung erforderlich, die nur erhält, wer sich durch die Bürokratie der (nur auf Russisch verfügbaren) Website der Bürgerverwaltung kämpft oder eine eigens darauf spezialisierte Tourismusagentur beauftragt. Die russische Fotografin Elena Chernyshova hat das unwirtliche Klima und das harte Leben in Norilsk während sieben Monaten im Winter 2012/13 selbst erlebt und in einem Projekt dokumentiert.

UNITE
STATES
AMERIC
Laptev Sea
Wrangel
East Siberian Sea
Chukchi Sea
New Siberian Islands
Tiksi
Anadyr
Lena
Kolyma
Arctic Circle
Oymyakon
Yakutsk
Lena
Bering Sea
RUSSIA
Magadan
Aldan
Okhotsk
Petropavlovsk Kamchatskiy
Sea of Okhotsk
Okha
Blagoveshchensk
Sakhalin
Kuril Islands
Pacific Ocean
Khabarovsk
CHINA
N
Hokkaido
JAPAN
500 km
Vladivostok

Oimjakon • Sibirien, Russland

Der kälteste bewohnte Ort der Welt

Auf der Erde gibt es unzählige unwirtliche Orte, an die der Mensch es trotz lebensfeindlicher Umstände stets verstand, sich anzupassen und diese zu besiedeln. Die russische Kleinstadt Oimjakon in der ostsibirischen Teilrepublik Sacha zählt mit ihren 800 Einwohnern zu den extremsten Orten unseres Planeten. Die hier herrschenden strengen Winter brachten ihr die Beinamen „Tiefkühlstadt“ oder „Kältepol“ ein.

Der Kälterekord liegt bei einer Tiefsttemperatur von −71,2 °C, gemessen 1924. Der Winter dauert in Oimjakon neun Monate, zwischen Dezember und März schwanken die Temperaturen im Durchschnitt zwischen −30 °C und −50 °C. Zu der bitteren Kälte gesellt sich oft als weiteres Phänomen ein frostiger Nebel, der alles mit einer eisigen Schicht bedeckt.

Die meisten Einwohner von Oimjakon sind Nachfahren der Jakuten aus dem Nordosten Sibiriens, einem Turkvolk, das vor allem von der Jagd und der Zucht von Rentieren lebt. Das Fleisch dieser Tiere bildet die Ernährungsgrundlage, da jegliche Landwirtschaft durch den Permafrost (der Boden ist unterhalb der Erdoberfläche dauerhaft gefroren) unmöglich ist.

Ebenfalls eine bedeutende Rolle spielt der Fischfang in der Indigirka, die aufgrund von Thermalquellen nahe ihrem Flussbett zumindest teilweise vom Eis verschont bleibt. Der Fischmarkt findet unter freiem Himmel statt, frische Erzeugnisse werden, wie könnte es anders sein, tiefgekühlt verkauft. Auf dem Markt kaufen die Menschen die Zutaten für *stroganina*, ein beliebtes Gericht aus Sibirien, das aus dünnen Filetstücken von rohem, gefrorenen Fisch zubereitet und mit einer Mischung aus Salz und Pfeffer gewürzt wird. Andere regionale Spezialitäten sind mit Eiswürfeln aus Pferdeblut servierte Makkaroni und rohe, gefrorene Pferdeleber.

Das typische Haus in Oimjakon ist aus Holz und wird mit Kohle beheizt. Das Bad befindet sich in einem kleinen, ungeheizten Gartenhaus, da jegliche Rohrleitungen sofort einfrieren würden. Aus demselben Grund darf auch beim Auto der Motor nicht abgestellt werden.

Im Oimjakon gibt es ein Geschäft, in dem die Menschen Dinge des alltäglichen Bedarfs kaufen können. Zu Fuß legt im Winter kaum jemand längere Strecken zurück: bei −45 °C erfriert die Haut innerhalb von fünf bis zehn Minuten. Nichtsdestoweniger führen die Bewohner von Oimjakon ein Leben, das sie als normal bezeichnen. Sie passen sich schlicht an die äußeren Umstände an, manchmal mithilfe von *russkij tschaj*, russischem Tee, wie die Menschen ihren Wodka liebevoll nennen.

Geografisch liegt Oimjakon auf derselben Höhe wie Südisland oder Zentralnorwegen (63° N), das Klima indes ist nicht zu vergleichen. In Sibirien gibt es keine westatlantischen Strömungen und das kontinentale Klima leidet unter dem für die russisch-sibirischen Ebenen typischen Phänomen der Frostakkumulation, einer Kälte, die sich aufgrund von thermischer Inversion, Albedo-Effekt und geringer Sonneneinstrahlung gewissermaßen selbst erzeugt. Alle Faktoren zusammen lassen die Temperaturen auf unglaubliche Tiefstwerte sinken. Interessanterweise werden trotz dieser extremen Winterkälte im Sommer nicht selten Temperaturen von bis zu 30 °C erreicht. Dann explodiert die Natur förmlich – und mit ihr die Fortpflanzung von Stechmücken. Wer an diesen Ort reisen will, findet keine Hotels und muss bei Einheimischen unterkommen. Kältesuchende Abenteurer wenden sich am besten an ein örtliches Reisebüro.

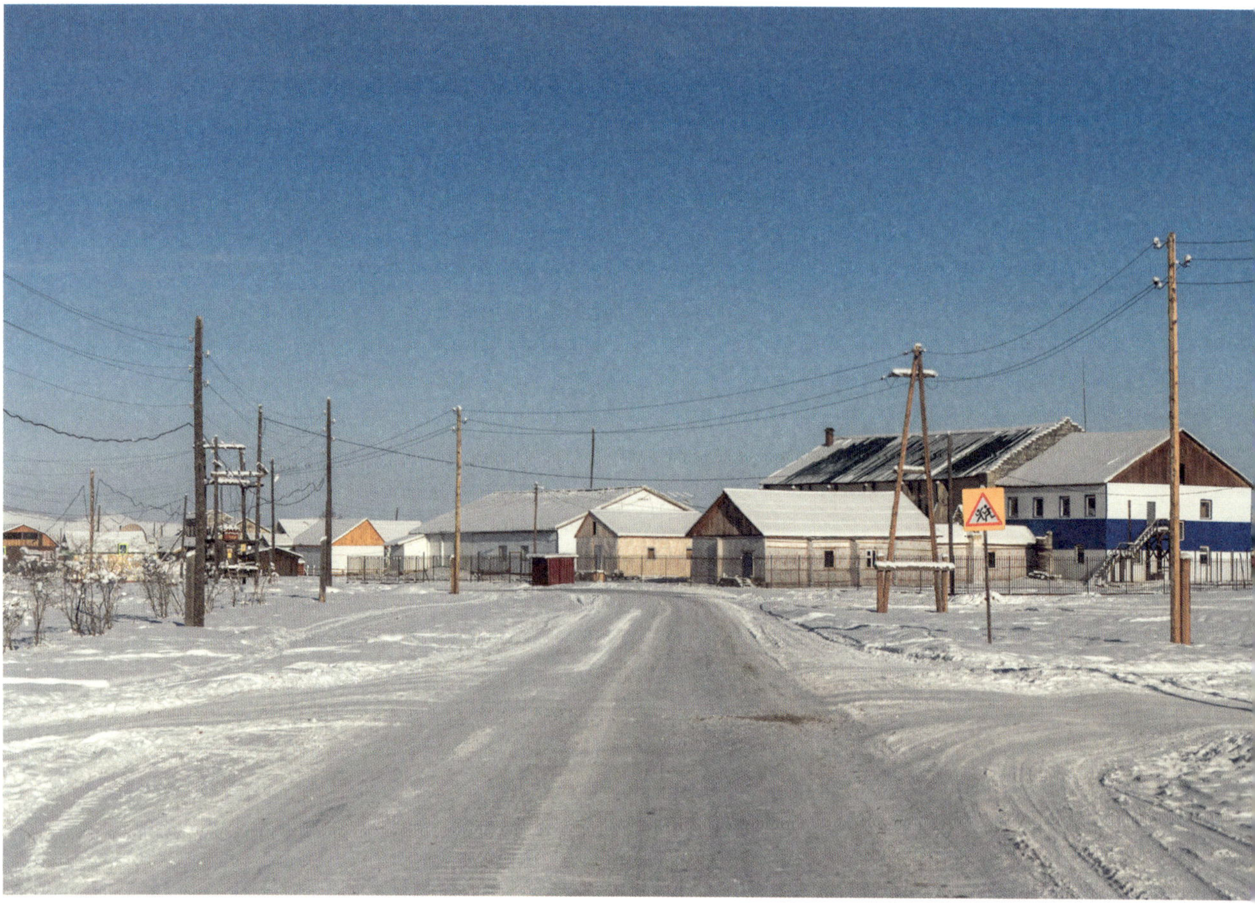

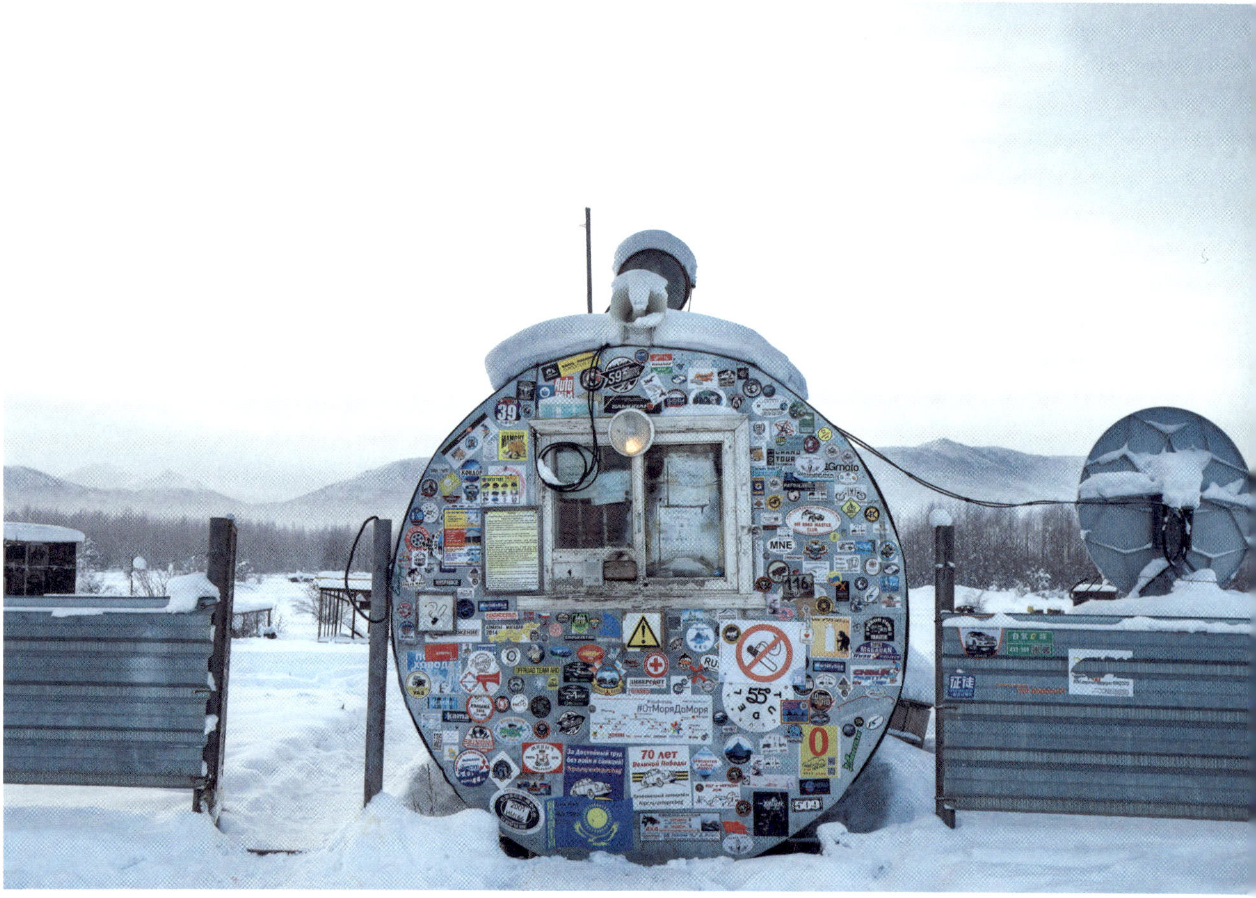
#ОтМоряДоМоря
70 лет
Великой Победы
MNE

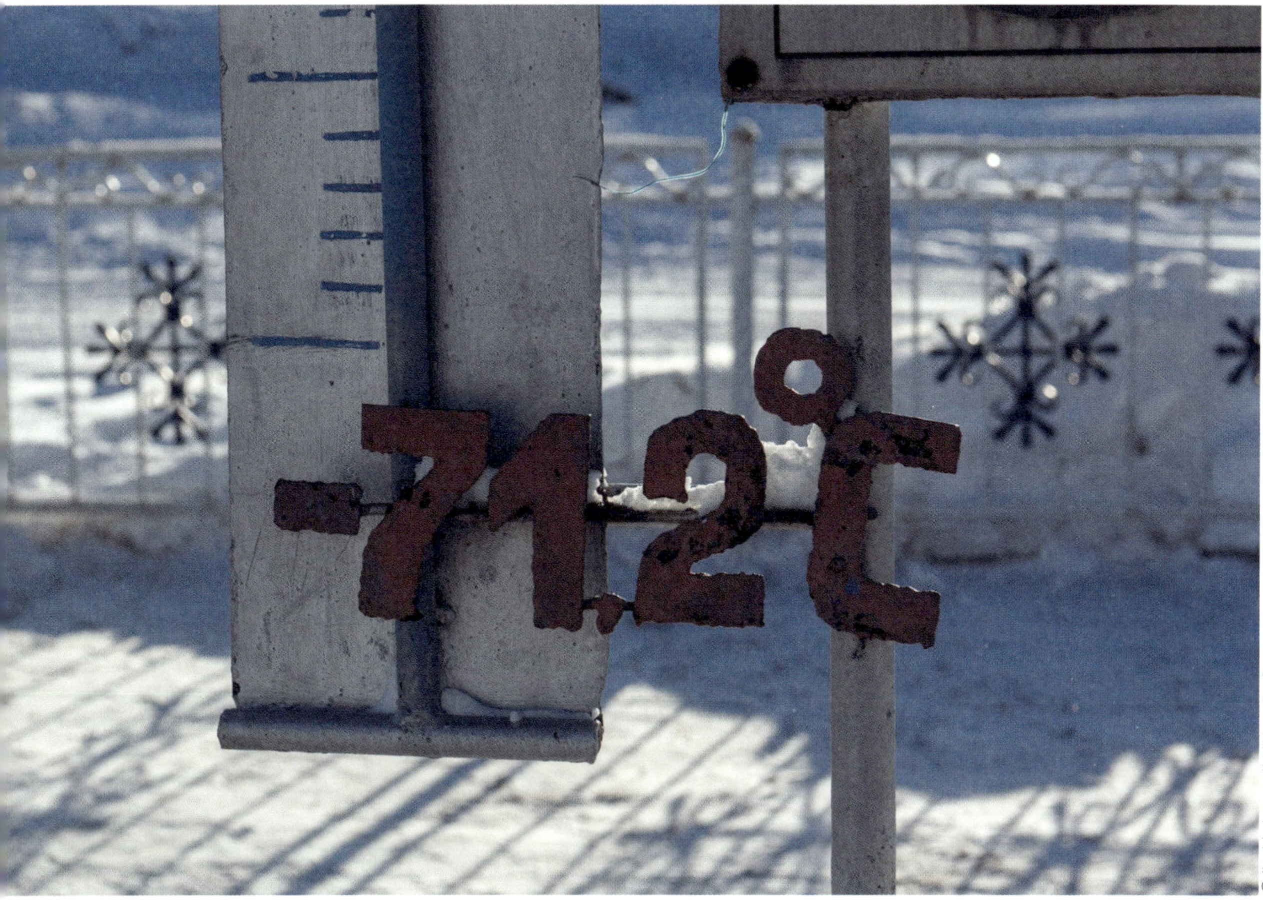

© Ilya Varlamov / Wikimedia Commons

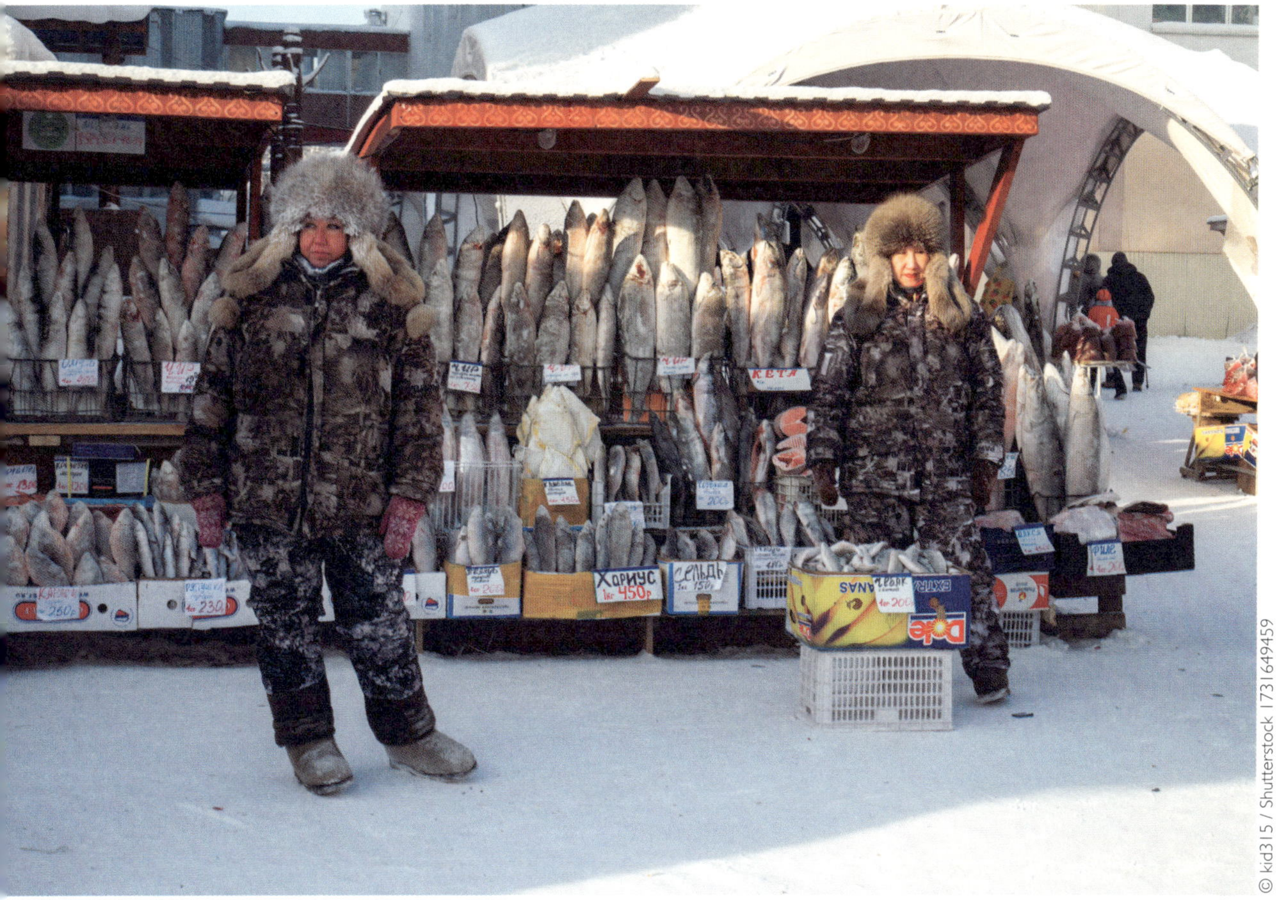

© kid315 / Shutterstock 1731649459

RUSSIA
Ob
Yenisei
Angara
Lake Baikal
Amur
KAZAKHSTAN
Hovd
Ulan Bator
MONGOLIA
Gobi Desert
Huang He
N
500 km
CHINA
NORTH KOREA
SOUTH KOREA

Chowd • Mongolei

Nach einem heißen Sommer und einem außergewöhnlich harschen und schneereichen Winter kommt der dzud, *Synonym für Hunger, Tod und Migration*

Mit mehr als 250 Sonnentagen im Jahr wird die Mongolei auch Land des blauen Himmels genannt. Eine Bezeichnung, die angesichts des harten Klimas, das in dem Land herrscht, irreführend sein kann. Im Winter sinken die Temperaturen auf bis zu −50 °C, und die Lebensbedingungen können für die vielen halbnomadischen Hirten, die hier leben, schnell unerträglich werden.

Besonders schwierig wird es, wenn auf einen heißen und trockenen Sommer ein kalter und schneereicher Winter folgt. Dann passiert das, was die Mongolen *dzud* nennen. Der *dzud* führt dazu, dass die Tiere, geschwächt von der mageren Kost im Sommer und ohne ausreichende Fettreserven, auf den schneebedeckten Böden keine Nahrung finden und schließlich verhungern und erfrieren.

In einem Land mit drei Millionen Einwohnern, 70 Millionen Stück Vieh und 300.000 Menschen, die von der Viehzucht leben, ist der *dzud* ein Synonym für Tod, Hunger und Migration.

Das meteorologische Phänomen, das dahinter steht, ist Teil der Klimageschichte der Mongolei, wo die Hirten seit jeher in dem Bewusstsein leben, jedes Jahr einen Teil ihrer Herden verlieren zu können. Im Vergleich zu den letzten zwei Jahrhunderten schlägt der *dzud* jedoch heute im Durchschnitt fünfmal so oft zu. Im 19. und 20. Jahrhundert folgte in der Mongolei etwa alle fünf bis sieben Jahre auf einen trockenen Sommer ein extrem kalter und schneereicher Winter. Seit den 2000er- Jahren jedoch kommt das durchschnittlich einmal alle zwei bis drei Jahre vor. In den Jahren 1999/2000, 2000/2001 und 2001/2002 traten in der Mongolei drei *dzud* in Folge auf. Mehr als 12.000 Hirtenfamilien verloren ihre gesamten Herden.

Am stärksten von dem Phänomen betroffen sind die westlichen Provinzen (Aimags) Gobi-Altai und Chowd. In Chowd fielen dem verheerenden *dzud* von 2010 elf Millionen Schafe, Kaschmirziegen, Rinder und Pferde zum Opfer. Mehr als 20 Prozent der gesamten Viehbestände des Landes. Ende 2022 warnte die Koordinierungsstelle für humanitäre Angelegenheiten der Vereinten Nationen in einem auf Daten der Mongolia National Agency for Meteorology and Environmental Monitoring (NAMHEM) beruhenden Bericht davor, dass der Aimag Chowd und die gesamte Westmongolei in dem als kalt und schneereich prognostizierten Winter 2023 von einem starken *dzud* getroffen werden könnten.

Im Januar fiel das Thermometer in den Aimags Chowd und Dsawchan bis auf −50 °C. Die Schneedecke betrug 37 Zentimeter, der Durchschnitt lag bei 24 Zentimetern. Erneut starben viele Tiere.

Dass das Phänomen immer häufiger auftritt, ist vor allem auf die Extreme der Jahreszeiten durch die Klimaerwärmung zurückzuführen: Die Sommer sind immer öfter trocken und heiß, während im Winter aufgrund einer höheren atmosphärischen Luftfeuchtigkeit in Halbwüsten- und Steppengebieten wie der Region Chowd immer mehr Schnee fällt. Die höhere Frequenz, in der der *dzud* auftritt, lässt den Hirten keine Zeit, ihre Herden neu zu organisieren, wodurch sich Tausende Menschen gezwungen sehen, ihre Arbeit und ihre Heimat aufzugeben und ihr Glück in der Hauptstadt Ulaanbaatar zu versuchen.

Der Anteil von Mongolen, die in urbanen Gebieten leben, hat sich zwischen 1995 und 2018 von 53 auf 68 Prozent erhöht. Die Einwohnerzahl von Ulaanbaatar stieg innerhalb von zehn Jahren, zwischen 2008 und 2018, von 1 auf 1,5 Millionen Menschen. Eine Dynamik, die sich in der Urbanisierung zeigt: im Umland der Hauptstadt sind ganze *ger*-Viertel entstanden, in denen sich in unendlichen Reihen, ohne Anbindung an öffentliche Versorgungswege und urbane Infrastruktur, Jurte an Jurte reiht.

MONGOLIA
KAZAKHSTAN
UZBEKISTAN
TURKMENISTAN
KYRGYZSTAN
TAJIKISTAN
CHINA
AFGHANISTAN
IRAN
PAKISTAN
Srinagar
Chandigarh
New Delhi
NEPAL
BHUTAN
Brahmaputra
Guwahati
Meghalaya
Ganges
Jodhpur
Jaipur
Agra
Lucknow
Patna
Varanasi
Yamuna
Tropic of Cancer
Ranchi
Ahmedabad
Jabalpur
Kolkata
(Calcutta)
MYANMAR
Narmada
Mahanadi
Arabian Sea
INDIA
Godavari
Mumbai
(Bombay)
Hyderabad
Vishakhapatnam
Bay of Bengale
Krishna
Panaji
Coromandel Coast
Bangalore
Chennai
Mamgalore
Kaveri
Malabar Coast
Mysore
Andaman
and Nicobar
(INDIA)
Lakshadweep
(INDIA)
Madurai
Kochi
Laccadive Sea
SRI LANKA
MALDIVES
Indian Ocean
N
Equator
1 000 km

Meghalaya • Indien

Der regenreichste Ort der Welt

Der Bundesstaat Meghalaya im Nordosten Indiens erstreckt sich in einem Streifen über eine Länge von rund 300 und eine Breite von rund 100 Kilometern. Im Durchschnitt fallen hier jährlich zwölf Meter Regen – Weltrekord. Meghalaya bedeutet wörtlich so viel wie „Heimstätte der Wolken“: Es regnet nicht den ganzen Tag, aber es regnet fast jeden Tag.

In Ecuador gestaltet sich die Situation ganz ähnlich, doch gibt es in Meghalaya zusätzlich den Monsun, der zwischen Juni und September besonders stark ausfällt und den durchschnittlichen Jahresniederschlag weiter anhebt.

Die Ursachen für dieses extreme Klima sind in der Geländemorphologie zu suchen. Vom Golf von Bengalen überqueren feuchtwarme Luftströmungen die Ebenen von Bangladesch und stoßen in einer Höhe von 3000 Metern auf die Bergkette der Shillong-Hochebene. Die Ebenen von Bangladesch fungieren dabei für die Niederschläge wie eine Art Startrampe, verstärkt durch den auf der Südseite der Hochebene auftretenden Windstau.

Hier, auf einer Höhe von 1400 Metern über dem Meeresspiegel, liegen die beiden größten Siedlungsgebiete der Region: Cherrapunji und Mawsynram. Mit ihren 15.000 beziehungsweise 2600 Einwohnern streiten sie sich um den Titel der regenreichsten Stadt der Welt.

In beiden Städten folgt das Leben dem Rhythmus von Gewittern, Überschwemmungen und Nebel. Zweimal pro Woche ist, so ungemütlich das Wetter auch sein mag, Markttag. Die Kinder gehen ungeachtet von Regenschauern in ihren Schuluniformen zum Unterricht. Wer im Freien arbeitet, schützt sich mit einem traditionellen Regenschirm, *knups* in der Sprache der Khasi. Diese aus Bambus und Bananenblättern gearbeiteten Schutzschirme bieten eine praktische Lösung, um auch bei strömendem Regen mit freien Händen arbeiten zu können.

Stärkste Wirtschaftszweige der Region sind die Landwirtschaft (Kartoffeln, Reis, Mais, Ananas und Bananen) und der illegale Bergbau sowie der Tourismus.

© Amos Chapple Photography

In Meghalaya gibt es zwei Nationalparks und drei Naturreservate, die zum Bergsteigen, Klettern, Trekking und Wandern sowie zu verschiedenen Wassersportarten einladen.
Wer einen Winkel des Planeten entdecken möchte, in dem sich die Natur von magischer Schönheit und von mystischer Atmosphäre zeigt, sollte bei der Reisezeit auf die Niederschlagsmengen und die Temperaturen achten. Zwischen März und Mai sind diese im Vergleich zu den anderen Monaten des Jahres am angenehmsten (um 20 °C). In der Monsunzeit von Juni bis September ist es kühler. Noch kälter wird es im Winter (durchschnittlich um 10 °C), also von Oktober bis Februar, wenn es nach wie vor, wenngleich schwächer, regnet, die Landschaft sich jedoch mit ihren wilden Wasserfällen, die über einzigartige natürliche Wurzelbrücken hoch über dem rauschenden Khasi erreichbar sind, außergewöhnlich malerisch präsentiert.
In diesem extrem regenreichen Klima hat sich der Mensch die Wurzeln der Kautschukbäume zunutze gemacht, um „lebende Brücken" zu flechten. Ganz ohne Zweifel etwas, das man einmal im Leben gesehen haben muss.

Ein Regentag in Cherrapunji: mehr als doppelt so viel wie in London in einem Jahr vom Himmel fällt

Nach Daten des indischen meteorologischen Instituts wurde in Cherrapunji am 16. Juni 1995 die größte innerhalb von 24 Stunden gefallene Regenmenge gemessen. An jenem Tag prasselten unglaubliche 1560 Millimeter auf die Erde nieder, mehr als das Doppelte der Regenmenge, die in London in einem ganzen Jahr fällt.

© Amos Chapple Photography

MONGOLIA
KAZAKHSTAN
UZBEKISTAN
TURKMENISTAN
KYRGYZSTAN
TAJIKISTAN
CHINA
AFGHANISTAN
IRAN
Srinagar
Komic
Chandigarh
PAKISTAN
New Delhi
NEPAL
BHUTAN
Brahmaputra
Guwahati
Ganges
Lucknow
Jodhpur
Jaipur
Agra
Patna
Varanasi
Yamuna
Tropic of Cancer
Ranchi
Ahmedabad
Jabalpur
Kolkata
(Calcutta)
MYANMAR
Narmada
Mahanadi
Arabian
Sea
INDIA
Godavari
Mumbai
(Bombay)
Hyderabad
Vishakhapatnam
Bay
of Bengale
Krishna
Panaji
Coast
Bangalore
Chennai
Mamgalore
Kaveri
Mysore
Malabar Coast
Coromandel
Andaman
and Nicobar
(INDIA)
Lakshadweep
(INDIA)
Kochi
Madurai
Laccadive
Sea
SRI LANKA
MALDIVES
Indian
Ocean
N
1 000 km
Equator

Komic • Indien

Der höchstgelegene bewohnte Ort der Welt mit Straßenanbindung: ein herausforderndes Klima für die Einwohner

„Höchstgelegener bewohnter Ort der Welt mit Straßenanbindung“ – so steht es auf dem Schild am Ortseingang von Komic, einem Dorf auf 4587 Metern über dem Meeresspiegel im Spitital im indischen Teil des Himalaya. Komic liegt eingebettet in eine natürliche, salatschüsselförmige Mulde. Ringsum ragen über 6000 Meter hohe Berge auf. Das strenge Klima, die große Höhe, das Fehlen jeglicher Kommunikationsmittel und die wenig fruchtbaren Böden machen das Leben in Komic extrem hart.
Mehr noch als die Kälte macht die Trockenheit den Menschen hier zu schaffen.
Im Frühling fließt das Schmelzwasser schnell an den Berghängen talwärts, wo es den dort verlaufenden Spiti anschwellen lässt. In den Böden auf Höhe des Dorfes bleibt nur wenig davon zurück. Ein Effekt, der sich aufgrund der Klimaerwärmung weiter verschärft hat: Einer Studie der Jawaharlal-Nehru-Universität in Delhi zufolge ist die Jahrestemperatur im indischen Himalaya innerhalb von 20 Jahren um zwei Grad angestiegen. Die Gletscher sind in den vergangenen 50 Jahren um 13 Prozent zurückgegangen.
Weniger Eis und Schnee bedeutet weniger Wasser im Sommer.
Abgesehen davon liegt Komic selbst in der Monsunzeit in einer Regenschattenwüste: Von Mai bis Oktober fällt hier nur selten ein Tropfen. Nach den trockenen, sonnigen Monaten Mai und Juni (die sich am besten für einen Besuch eignen) und einer etwas wolkigeren, aber immer noch trockenen und milden Zeit zwischen Juli und Oktober zeigt sich das Klima ab November mit abstürzenden Temperaturen und starken Schneefällen von seiner besonders rauen Seite.
Nachts fällt das Thermometer dann zum Teil bis auf –30 °C. Von diesem Moment an ist die Straße am Spiti zwischen Manali und Kaza bis April aufgrund der hohen Lawinengefahr geschlossen. Die 114 Einwohner von Komic sind in dieser Zeit vom Rest der Welt abgeschnitten.
Wer sind diese Helden der Höhe? Ein Großteil der Bevölkerung sind buddhistische Mönche aus dem Kloster Tangyud. Doch auch einige Hirtenfamilien leben hier sowie eine Person, die in den letzten Jahren einen Service für Touristen aufgebaut hat. Darüber hinaus gibt es in Komic zwei Gästezimmer, ein Restaurant und eine Taxibus-Agentur. Da sich das Klima in Komic nicht für die Landwirtschaft eignet, leben die Menschen hauptsächlich von der Schaf-, Pferde- und Yakzucht. Touristen, die das Dorf besuchen, sollten bedenken, dass einem an diesem Ort aufgrund von Sauerstoffmangel bereits das einfache Gehen schwerfallen kann. Im Zuge saisonaler und tageszeitabhängiger Temperaturschwankungen verwandelt der Wechsel aus Eiserosion und unerbittlicher Hochgebirgssonne den Boden in eine Art Pulver, das vom Wind unaufhörlich aufgewirbelt wird.

SPITI 2018
Tripmonk
HIMACHAL PRADESH PUBLIC WORKS DEPTT.
DIVISION - KAZA
HIGHEST VILLAGE IN WORLD
CONNECTED WITH MOTORABLE ROAD
VILLAGE - KOMIC
POPULATION - 114 CAPITA
ALTITUDE - 4587mtr.

KAZAKHSTAN
MONGOLIA
UZBEKISTAN
TURKMENISTAN
KYRGYZSTAN
TAJIKISTAN
CHINA
AFGHANISTAN
IRAN
Srinagar
Chandigarh
PAKISTAN
New Delhi
NEPAL
BHUTAN
Brahmaputra
Guwahati
Ganges
Jodhpur
Jaipur
Agra
Lucknow
Patna
Varanasi
Yamuna
Tropic of Cancer
Ranchi
Rann of Kutch
Ahmedabad
Jabalpur
Kolkata (Calcutta)
MYANMAR
Narmada
Mahanadi
Arabian Sea
INDIA
Godavari
Mumbai (Bombay)
Hyderabad
Vishakhapatnam
Bay of Bengale
Krishna
Panaji
Coromandel Coast
Bangalore
Chennai
Mamgalore
Kaveri
Malabar Coast
Mysore
Andaman and Nicobar (INDIA)
Lakshadweep (INDIA)
Madurai
Kochi
Laccadive Sea
SRI LANKA
MALDIVES
Indian Ocean
N
Equator
1 000 km

Der Salzsumpf von Kachchh · Gujarat, Indien

Gleißende Sonne und vom Weiß des Bodens reflektiertes Licht: eine unerbittliche Kombination

Im ganz im Westen von Indien an der Grenze zu Pakistan gelegenen Bundesstaat Gujarat liegt der Rann von Kachchh, ein riesiger Salzsumpf, der durch tektonische Verschiebungen und die dadurch bedingte Hebung des Meeresbodens vom Arabischen Meer abgeschnitten wurde, das ihn einst speiste.

An diesem Ort sind besonders ausgeprägte Temperaturextreme zu beobachten. Der Höhepunkt der Hitze ist zwischen Mai und Juni erreicht (der Rekord liegt bei knapp 50 °C), zwischen Ende Juni und September fällt der Monsunregen.

In der kurzen feuchten Jahreszeit läuft der Sumpf über und die Salzebene wird zu einem riesigen See.

Ende September tritt durch Verdunstung das im Boden vorhandene Salz zum Vorschein. Dadurch entsteht eine weite weiße Ebene, eine wahre Mondlandschaft: So weit das Auge reicht nichts als Salz, das die gesamte Umgebung in einen blendend weißen Mantel hüllt.

Ab Februar steigen die Temperaturen auf über 30 °C. Im April sind 40 °C keine Seltenheit. Im Mai erreicht die Hitze mit Spitzen von 48 bis 49 °C jedoch ihren Höhepunkt. Nur wenigen Menschen gelingt es, in dieser Zeit auf den Salzwiesen zu arbeiten. Neben den unerbittlichen Sonnenstrahlen macht das vom weißen Boden reflektierte gleißende Licht den Aufenthalt im Freien praktisch unmöglich.

Entsprechend beginnen die Familien der in der Umgebung entstandenen „Salzdörfer“ ab Oktober damit, die wertvolle Ressource bei angenehmeren Temperaturen abzubauen. Mindestens sechs Monate lang ziehen sie dann mit ihren Zelten am Sumpf entlang. Manche von ihnen sind noch heute barfuß in den weniger stark frequentierten sumpfigen Bereichen am Rande der ertragreichsten Salzwiesen unterwegs.

Die sechsmonatige Arbeit einer ganzen Familie bringt umgerechnet weniger als 200 Euro ein, von denen die Familie dann ein ganzes Jahr leben muss.

Eine der größten Salzwüsten der Welt: der Salar d'Uyuni in Bolivien

Der Rann von Kachchh ist eine der größten Salzwüsten der Welt. Anders jedoch als andere Salzwüsten, wie beispielsweise der Salar d'Uyuni in Bolivien, liegt der Rann abseits der üblichen Touristenwege und bietet so eine gute Möglichkeit, aus der Nähe zu beobachten, wie lokale Gemeinschaften wie die Agariya sich zum Verdienen ihres Lebensunterhalts an die extremen Klima- und Umgebungsbedingungen angepasst haben.

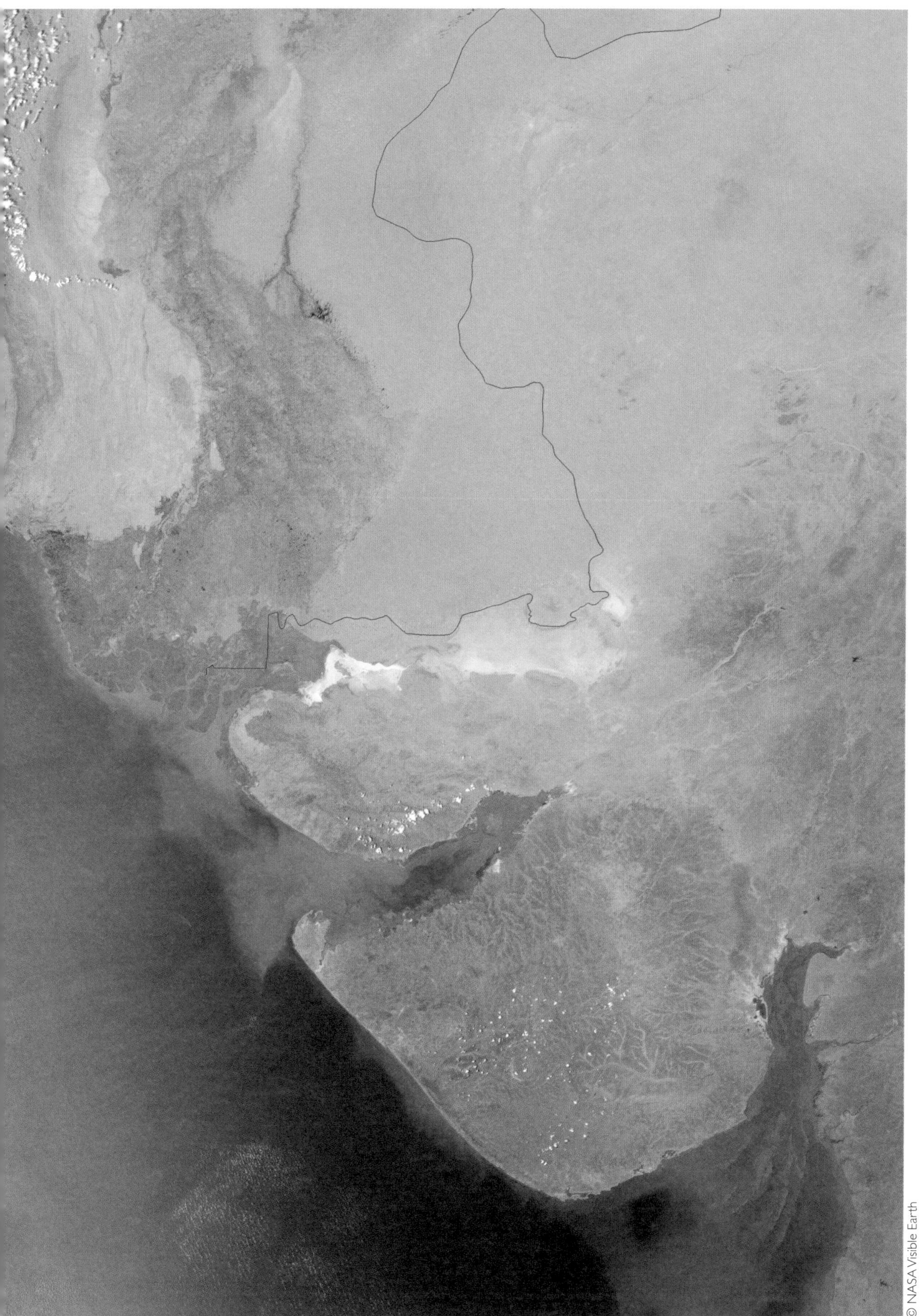
© NASA Visible Earth

RUSSIA
Iturup (Etorofu)
Kanushir (Kanushiri)
Sapporo
Hokkaido
Aomori
NORTH KOREA
Sea of Japan (East Sea)
Sendai
CHINA
SOUTH KOREA
JAPAN
Honshu
Tokyo
Kyoto
Hiroshima
Nagoya
Osaka
Fukuoka
Kochi
Nagasaki
Shikoku
Kyushu
Miyazaki
Izu Shoto
Minamitori Shima/ Marcus (Japan)
Senkaku
Bonin (Ogasawara Gunto)
Okinawa
Daito Shoto
Volcano (Kazan Retto)
TAIWAN
Sakishima Shoto
Tropic of Cancer
N
Okinotorishima/ Parece Vela (Japan)
Northern Mariana Islands (U.S.)
500 km
PHILIPPINES

Aomori • Honshu, Japan

Der Ort der Erde (abgesehen von Gebirgen), an dem am meisten Schnee fällt, auf einer Höhe mit Rom ...

Nimmt man Berge aus, steht eine japanische Stadt an der Spitze der Orte unseres Planeten, an denen im Winter am meisten Schnee fällt. Gemeint ist Aomori, 300.000 Einwohner, an der Nordspitze der japanischen Hauptinsel Honshu.

Jahr für Jahr verschwindet die Stadt von November bis März unter einer Decke von durchschnittlich knapp sieben Metern Schnee. Unglaublich? Ja, wenn man bedenkt, dass Aomori auf Meereshöhe und auf demselben Längengrad wie Rom liegt.

Woher kommt all dieser Schnee? Nur 300 Kilometer Luftlinie von Aomori entfernt befindet sich am gegenüberliegenden Ufer die russische Stadt Wladiwostok, Eingangstor zu den unendlichen Weiten des sibirischen Eises. Im Winter, wenn sich im Nordwesten der Wind erhebt, gelangt extrem kalte Luft vom russischen Festland in Richtung Küste. Da diese dort auf keinerlei Hindernisse stößt, verteilt sich der Frost über das Japanische Meer und die Mutsu-Bucht. So entsteht das atmosphärische Phänomen des Ocean-Effekt-Snow beziehungsweise Bay-Effect-Snow. Dieses tritt auf, wenn extrem kalte und trockene Luft über große Wasserflächen (ein Meer oder einen See) weht und dabei Wasserdampf aufsteigen lässt. Dieser kondensiert in langen, schmalen Wolkenbändern, wahren „Schneezügen", die sich dann auf die japanische Nordküste zubewegen.

Die Durchschnittstemperaturen in Aomori liegen im Winter zwischen –3 °C und 2 °C. 1986 wurde für den in einem einzigen Winter gefallenen Schnee ein Rekordwert von zwölf Metern gemessen.

> Ein ähnliches Phänomen tritt in einigen Städten wie Buffalo oder Syracuse an den Großen Seen in den USA auf. In diesem Fall spricht man jedoch vom Lake-Effect.

© NASA Visible Earth

CHINA
Hong Kong
TAIWAN
Batan Islands
Babuyan Islands
Laoag
Pacific Ocean
South China Sea
Baguio
Dagupan
Luzon
Philippines Sea
Manila
Batangas
Naga
Mindoro
PHILIPPINES
Calbayog
Samar
Roxas
Tacloban
Panay
Leyte
Iloilo
Cebu
Palawan
Puerto Princesa
Negros
Bohol Sea
Butuan
Sulu Sea
Pagadian
Mindanao
Cagayan Sulu
Davao
Moro Gulf
Zamboanga
General Santos
Basilan
Jolo
Tawi Tawi
MALAYSIA
BRUNEI
Borneo
Celebes Sea
INDONESIA
N
500 km

Tacloban · Philippinen

Der Ort weltweit, der am häufigsten von tropischen Wirbelstürmen heimgesucht wird

Tropische Wirbelstürme sind ein atmosphärisches Extrem-Phänomen par excellence. Ihre Kraft, Ausdehnung und Diffusion, die wirtschaftlichen Schäden, die sie verursachen, die Menschenleben, die durch sie zerstört werden, machen sie zu dem weltweit am stärksten überwachten und erforschten meteorologischen Ereignis. Je nach Entstehungsort heißen sie mal „Taifun" (Nordpazifik und Japan) oder „Zyklon" (Indischer Ozean), mal „Willy Willy" (Australien) oder „Hurrikan" (Karibik und Rest der Welt).

Das Land, das am stärksten von derartigen Stürmen betroffen ist, sind, mit durchschnittlich neun Taifunen pro Jahr, die Philippinen. In einem Land mit 96 Millionen Einwohnern und einem der niedrigsten BIP überhaupt, mit fragiler Infrastruktur und mehr als 7000 Inseln, haben diese Stürme zum Teil katastrophale Folgen. Anfang November 2013 forderte der Taifun Yolanda 8000 Opfer. Vier Millionen Menschen wurden evakuiert, ganze Städte verwüstet. Eine davon: Tacloban in der Provinz Leyte.

Seinen Ausgang nahm der Supersturm in den warmen Gewässern des Westpazifiks auf Höhe von Mikronesien. Beim Auftreffen auf die Philippinen erreichte er Windgeschwindigkeiten von 230 km/h, die stärkste Böe wurde mit 314 km/h gemessen. Tacloban wurde durch die mit jedem tropischen Wirbelsturm einhergehende – und im Falle von Yolanda besonders starke – Sturmflut zerstört. Die Stadt liegt in der San Pablo Bay, am Ende einer kleinen, flachen und leicht geneigten Bucht. Die von Yolanda mitgeführten Winde trafen mit 260 km/h senkrecht auf die Küste auf, im Gepäck eine Wasserwand, die in der Bucht eingeschlossen wurde und sich so weiter aufbaute. Als sie in sich zusammenbrach, ergoss sie sich hunderte von Metern weit über die Stadt und zerstörte diese zu 90 Prozent. Eines der symbolträchtigsten Bilder dieses extremen Ereignisses ist ein Schiffswrack, das in den Ruinen eines Wohnviertels zum Liegen kam. Heute ist der Bug von *Eva Jocelyn* Touristenmagnet und Denkmal und legt Zeugnis ab von der Widerstandskraft des philippinischen Volkes, das immer wieder Opfer von Klimakatastrophen wird und immer wieder aufsteht.

Nach dem Taifun von 2013 hat die Regierung ihre Stadtentwicklungspläne überarbeitet und das Projekt Tacloban North ins Leben gerufen, ein Programm zur Umsiedlung der Bewohner in sicherere Gebiete nördlich der Küstenzone. Aufgrund von Verzögerungen bei der Umsetzung sind jedoch zahlreiche Familien bis heute gezwungen, weiterhin in Behelfsunterkünften in den gefährdeten Küstengebieten zu leben. All diesen Widrigkeiten zum Trotz ist Tacloban eine der am schnellsten wachsenden Städte der Philippinen. Banken, Geschäfte, Hotels und Restaurants wurden wiedereröffnet, neue Läden entstanden, der Tourismus kehrte nach und nach zurück. 2014 drehte der Journalist und TV-Produzent Francesco Conte auf den Philippinen eine Dokumentation über die Folgen des Taifuns und die Gefahren der Klimaerwärmung: Sein Film *Stormed* ist auf dem Videoportal Vimeo abrufbar und für alle von Interesse, die sich näher mit der Thematik befassen möchten.

Tropische Wirbelstürme

Tropische Wirbelstürme entstehen in Meeren, in denen die Wassertemperatur nicht unter 27 °C absinkt, sowie in den als Innertropische Konvergenzzone (ITCZ) bezeichneten Gebieten der Erde, in denen die Passatwinde aufeinanderstoßen. Dieses Band umklammert die Ozeane und verlagert sich je nach Jahreszeit zwischen Äquator und Tropen.
Die ITCZ ist von extrem instabilen Luftmassen und starker Konvektion geprägt, woraus sich Gewitter und Stürme bilden. Weiter verschärft wird die ohnehin turbulente Situation durch die Corioliskraft, die atmosphärische Winde ablenkende Kraft der Erdrotation.
Diese Kraft ist am Äquator gleich Null. Weniger als 500 Kilometer von diesem entfernt jedoch reicht sie aus, um die konvergierenden Luftmassen abzulenken und in eine in Richtung Vortex-Zentrum zunehmend schnelle Rotation zu versetzen (woraus sich erklärt, dass tropische Wirbelstürme nie am Äquator entstehen, sondern stets ober- bzw. unterhalb davon). Befinden sich alle Teile dieses Mechanismus an der richtigen Stelle, kann ein klassischer Tropensturm innerhalb der ITGZ dazu führen, dass immer mehr Energie und Dampf angesaugt wird und ein Vortex mit einem „Auge" von rund 25 Kilometern Durchmesser entsteht, um das Winde mit einer mittleren Geschwindigkeit von 119 km/h herumwirbeln. Jenseits dieser Schwelle werden Stürme zu Hurrikans, die gemäß Saffir-Simpson-Windskala je nach Stärke in fünf Kategorien eingeteilt sind (ein Zyklon der Stärke 5 entspricht Windgeschwindigkeiten von über 250 km/h).
Um das Auge herum wirbelt das gesamte Wolkensystem, eine bis zu 15 Kilometer hohe Wolkenwand mit einem Durchmesser von 300 bis 800 Kilometern. Ist der Zyklon erstmal geboren – weltweit werden jährlich 50 bis 60 davon registriert – macht er sich auf seinen teilweise tausende von Kilometer langen Weg nach Nordosten (nördliche Hemisphäre) beziehungsweise Südwesten (südliche Hemisphäre). Aufgrund des systematisch wiederholten Streckenverlaufs lässt sich genau bestimmen, welche Orte am häufigsten betroffen sind, namentlich die Philippinen und das Chinesische Meer, wo im Durchschnitt jedes Jahr zwanzig Taifune auftreten. Auf den nächsten Plätzen liegen der Golf von Bengalen in Indien mit acht Zyklonen sowie die Karibik und die mexikanische Westküste mit sechs bis sieben Hurrikans, dieselben, die auch auf der Höhe von Madagaskar und nahe der Nordostküste Australiens wiederzufinden sind. Gemessen in Menschenleben war der Zyklon Bolha (1970) in Bangladesch mit einer halben Million Opfern der verheerendste Wirbelsturm der Geschichte. Katrina (2005) und Harvey (2017), die beide im Golf von Mexiko auf die amerikanische Küste trafen, verursachten hingegen mit geschätzten 125 Milliarden US-Dollar die höchsten Sachschäden.

INDONESIA
PAPUA NEW GUINEA
SOLOMON ISLANDS
Darwin
Northern Territory
Barrow Island
Alice Springs
Queensland
AUSTRALIA
Western Australia
Brisbane
South Australia
New South Wales
Perth
Adelaide
Sydney
Victoria
Melbourne
N
Hobart
NEW ZEALAND
Tasmania
1 000 km

Barrow Island • Australien

Die höchste Windgeschwindigkeit, die je auf der Erde gemessen wurde

Der 10. April 1996 ist ein historisches Datum in der Geschichte der Meteorologie. An diesem Tag fiel der Rekord der höchsten je gemessenen Windgeschwindigkeit aus dem Jahr 1934, der bis dato unerreichbar schien – 371 Stundenkilometer am Gipfel des Mount Washington (New Hampshire, USA).
Das „Verdienst" gebührt Olivia, einem Tropenzyklon, der Anfang April 1996 in der Nähe von Indonesien, in der innertropischen Konvergenzzone zwischen Passatwinden und Monsuntiefs, seinen Anfang nahm, in den folgenden Tagen nach Südwesten zog, sich von Kategorie 1 zu Kategorie 4 aufbaute und an der Küste von Pilbara im Norwesten Australiens vertiefte.
Bei seinem Auftreffen auf Barrow Island ließ Olivia das Schlimmste befürchten: Der Druck war auf 925 Hektopascal gefallen und die Windgeschwindigkeit erreichte unglaubliche 113 Meter pro Sekunde – 408 Stundenkilometer.
Die World Meteorological Organization erkannte den Rekord erst 2010, nach einer mehrjährigen Überprüfung der korrekten Funktionsweise des Anemometers, an. Die Schäden waren immens; die Erdölförderstätten auf der Insel wurden schwer beschädigt, ebenso mehrere Strommasten. Opfer gab es keine zu beklagen.
Auf Barrow Island leben nur wenige hier arbeitende Menschen. Für den Tourismus ist die Insel gesperrt. Ihre Abgeschiedenheit, die sich beim Auftreffen von Olivia als Glücksfall erwies, ist auf die einzigartige Geschichte der Insel zurückzuführen.
Aktuell teilen sich ein artenreiches Naturschutzgebiet und die Industrieanlagen des Unternehmens Chevron Oil, das hier ein Erdölvorkommen ausbeutet, das Gebiet. Das mag auf den ersten Blick paradox erscheinen, doch verfolgt just dieses Unternehmen seit den 1960er-Jahren eine kluge Umweltpolitik, die auf den Schutz der vielen hier lebenden Tierarten abzielt. Auf Barrow Island finden sich auf 200 Quadratkilometern 400 Pflanzenarten, 13 einheimische Säugetierarten, 110 Vogelarten und mehr als 44 verschiedene Reptilien, die das Naturschutzgebiet zu einem der wertvollsten Lebensräume in ganz Ozeanien machen.

© NOAA

ÜBER DEN JONGLEZ VERLAG

Im September 1995 hielt sich Thomas Jonglez in der Stadt Peschawar auf. Sie liegt im Norden Pakistans, 20 Kilometer von der Stammeszone entfernt, die er ein paar Tage später besuchen wollte. Dort kam ihm der Gedanke, alle verborgenen Winkel seiner Heimatstadt Paris, die er wie seine Westentasche kennt, schriftlich festzuhalten. Auf seiner Heimreise von Peking, die sieben Monate dauerte, durchquerte er Tibet (wo er heimlich, unter Decken in einem Nachtbus versteckt, einreiste), den Iran und Kurdistan. Er reiste dabei nie im Flugzeug, sondern per Boot, Zug oder Bus, per Anhalter, mit dem Rad, dem Pferd oder zu Fuß, und erreichte Paris gerade rechtzeitig, um mit seiner Familie Weihnachten feiern zu können. Nach seiner Rückkehr verbrachte er zwei großartige Jahre damit, durch die Straßen von Paris zu streifen, um gemeinsam mit einem Freund seinen ersten Reiseführer über die verborgenen Orte seiner Stadt zu schreiben. Während der nächsten sieben Jahre arbeitete er im Stahlsektor, bis ihn seine Entdeckerleidenschaft wieder überkam. 2003 gründete er den Jonglez Verlag und zog drei Jahre später nach Venedig. 2013 verließ er mit seiner Familie Venedig auf der Suche nach neuen Abenteuern und unternahm eine sechsmonatige Reise nach Brasilien mit Zwischenstopps in Nordkorea, Mikronesien, auf den Salomon-Inseln, der Osterinsel, in Peru und Bolivien. Nach sieben Jahren in Rio de Janeiro lebt er heute mit seiner Frau und seinen drei Kindern in Berlin.
Der Jonglez Verlag publiziert Titel in neun Sprachen und 40 Ländern.

ÜBER DEN AUTOR

Lorenzo Pini (1982) ist ein italienischer Geograf und Reisebuchautor, der in der Toskana geboren wurde. Zum Studium zog es ihn nach Portugal, dessen Hauptstadt ihn zu den Reiseführern *A Lisbona con Antonio Tabucchi* (Giulio Perrone editore, 2012) und *Lisbona, ritratto di città* (Odoya, 2013) inspiriert. 2015 erschien nach einem Aufenthalt auf Kuba die Reisereportage *L'Avana. Ritratto di una città* (Odoya). Seit vielen Jahren schreibt Pini für den Touring Club Editore und aktualisiert die Texte und Inhalte der *Guides Verts* für Portugal (2017), Südspanien (2019), Dänemark (2020) und die Toskana (2021). In seinem Blog meteotrip.it spricht der leidenschaftliche Hobby-Meteorologe über atmosphärische Ereignisse und das Klima.

IM SELBEN VERLAG ERSCHIENEN

Atlas

Atlas der geographischen Kuriositäten

Bildbände

Stilles Venedig
Ungewöhnliche Hotels
Venedig aus der Luft
Verbotene Orte
Verlassenes Italien
Verlassenes Japan
Verlassene Kirchen – Kultstättten im Verfall
Verlassene USA

Auf Englisch
Abandoned Asylums
Abandoned Australia
Abandoned Cinemas of the World
Abandoned France
Abandoned Lebanon
Abandoned Spain
After the Final Curtain – The Fall of the American Movie Theater
After the Final Curtain – America's Abandoned Theaters
Baikonur – Vestiges of the Soviet Space Programme
Chernobyl's Atomic Legacy
Clickbait
Forbidden Places – Exploring our Abandoned Heritage Vol. 1
Forbidden Places – Exploring our Abandoned Heritage Vol. 2
Forbidden Places – Exploring our Abandoned Heritage Vol. 3
Forgotten Heritage
Unusual Wine

„Soul of"-Reihe

Soul of Amsterdam – 30 einzigartige Erlebnisse
Soul of Athen – 30 einzigartige Erlebnisse
Soul of Barcelona – 30 einzigartige Erlebnisse
Soul of Berlin – 30 einzigartige Erlebnisse
Soul of Kyoto – 30 einzigartige Erlebnisse
Soul of Lisbon – 30 einzigartige Erlebnisse
Soul of Los Angeles – 30 einzigartige Erlebnisse
Soul of Marrakesch – 30 einzigartige Erlebnisse
Soul of New York – 30 einzigartige Erlebnisse
Soul of Rom – 30 einzigartige Erlebnisse
Soul of Tokio – 30 einzigartige Erlebnisse
Soul of Venedig – 30 einzigartige Erlebnisse

„Verborgenes"-Reiseführer

Verborgenes Berlin
Verborgene Dolomiten
Verborgenes Korsika
Verborgenes Florenz
Verborgenes Genf
Verborgenes Hamburg
Verborgenes Kopenhagen
Verborgenes Lissabon
Verborgenes London
Verborgenes Mailand
Verborgenes New York
Verborgenes Paris
Verborgene Provence
Verborgenes Rom
Verborgene Toskana
Verborgenes Venedig
Verborgenes Wien

Auf Englisch
Secret Bali
Secret Bangkok
Secret Belfast
Secret Brighton – An unusual guide
Secret Brooklyn
Secret Brussels
Secret Buenos Aires
Secret Campania
Secret Cape Town
Secret Dublin – An unusual guide
Secret Edinburgh – An unusual guide
Secret French Riviera
Secret Glasgow
Secret Granada
Secret Helsinki
Secret Johannesburg
Secret Liverpool – An unusual guide
Secret Los Angeles
Secret Madrid
Secret Mexico City
Secret Montreal – An unusual guide
Secret Naples
Secret New Orleans
Secret New York – Hidden bars & restaurants
Secret Rio
Secret Seville
Secret Singapore
Secret Tokyo
Secret Washington D.C.
Secret York – An unusual guide

Folgen Sie uns auf Facebook, Instagram und Twitter

Kartengestaltung: **Cyrille Suss** – Layout: **Emmanuelle Willard Toulemonde** –
Übersetzung: **Tanja Felder** – Lektorat: **Clemens Hoffman** – Korrektorat: **Johanna Kling** – Herausgeber: **Clémence Mathé**

Umschlagfoto: © **User9637786_380 / iStock 1251227757**

Pflichtexemplar: September 2023 – 1. Auflage
ISBN: 978-2-36195-700-1
Gedruckt in Slowakei von Polygraf